建筑与市政工程施工现场专业人员职业标准培训教材

# 施工员（装饰方向）核心考点模拟与解析

建筑与市政工程施工现场专业人员职业标准培训教材编委会　编写

中国建筑工业出版社

图书在版编目（CIP）数据

施工员（装饰方向）核心考点模拟与解析／建筑与
市政工程施工现场专业人员职业标准培训教材编委会编写
．—北京：中国建筑工业出版社，2023.6
建筑与市政工程施工现场专业人员职业标准培训教材
ISBN 978-7-112-28643-0

Ⅰ. ①施…　Ⅱ. ①建…　Ⅲ. ①建筑装饰—工程施工—
职业培训—教材　Ⅳ. ① TU767

中国国家版本馆 CIP 数据核字（2023）第 069436 号

本书是建筑与市政工程施工现场专业人员职业标准培训教材之一，根据《建筑与市政工程
施工现场专业人员职业标准》JGJ/T 250、《建筑与市政工程施工现场专业人员考核评价大纲》
以及各岗位对应的考试用书，组织相关专家编写。本书分上下两篇，上篇为通用与基础知识，
下篇为岗位知识与专业技能，所有章节名称与相应专业的《建筑与市政工程施工现场专业人员
职业标准培训教材（第三版）》相对应，规范类考点增加了原书内容页码，以便考生查找，对
照学习。本书总结提取教材中的核心考点，引导考生学习与复习；结合往年考试中的难点和易
错考点，配以相应的测试题，增强考生知识点应用能力，提升其应试能力。

责任编辑：周娟华　李　慧
责任校对：党　蕾
校对整理：董　楠

建筑与市政工程施工现场专业人员职业标准培训教材
施工员（装饰方向）核心考点模拟与解析
建筑与市政工程施工现场专业人员职业标准培训教材编委会　编写

\*

中国建筑工业出版社出版、发行（北京海淀三里河路 9 号）
各地新华书店、建筑书店经销
北京建筑工业印刷厂制版
北京中科印刷有限公司印刷

\*

开本：787 毫米 ×1092 毫米　1/16　印张：14¾　字数：353 千字
2023 年 7 月第一版　　2023 年 7 月第一次印刷
定价：**56.00** 元
ISBN 978-7-112-28643-0
（41093）

# 编 委 会

# 前　　言

为落实住房和城乡建设部发布的行业标准《建筑与市政工程施工现场专业人员职业标准》JGJ/T 250，进一步规范建设行业施工现场专业人员岗位培训工作，贴合培训测试需求。本书以《施工员通用与基础知识（装饰方向）（第三版）》《施工员岗位知识与专业技能（装饰方向）（第三版）》为蓝本，依据职业标准相配套的考核评价大纲，总结提取教材中的核心考点，指导考生学习与复习；并结合往年考试中的难点和易错考点，配以相应的测试题，增强考生对知识点的理解，提升其应试能力，本书更贴合考试需求。

本书分上下两篇，上篇为《通用与基础知识》，下篇为《岗位知识与专业技能》，所有章节名称与《施工员通用与基础知识（装饰方向）（第三版）》《施工员岗位知识与专业技能（装饰方向）（第三版）》相对应，本书的知识点均标注了在第三版教材中的页码，以便考生查找，对照学习。

本书上篇教材点睛共 81 个考点，下篇教材点睛共 63 个考点，共计 144 个考点。全书考点分为四类，即一般考点（其后无标识），核心考点（"★"标识），易错考点（"●"标识），核心考点＋易错考点（"★●"标识）。

本书配套巩固练习题约 990 道，题型分为判断题、单选题、多选题三类。

本书由中建一局集团第二建筑有限公司项目总监闫占峰担任主编。由于编写时间有限，书中难免存在不妥之处，敬请广大读者批评指正。

# 目　录

下篇 岗位知识与专业技能

# 上 篇

## 通用与基础知识

### 知识点导图

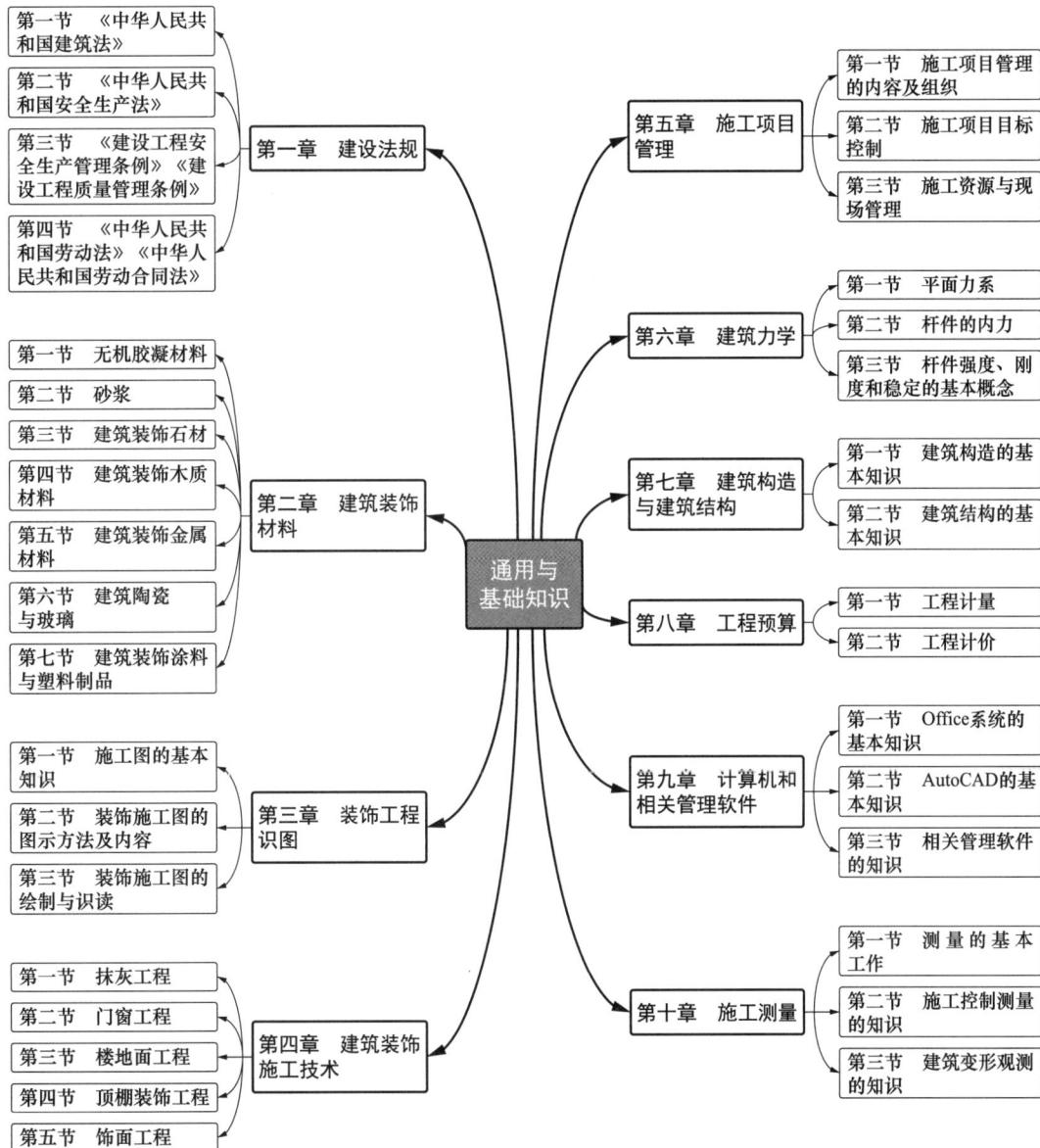

第一节 《中华人民共和国建筑法》

第二节 《中华人民共和国安全生产法》

第三节 《建设工程安全生产管理条例》《建设工程质量管理条例》

第四节 《中华人民共和国劳动法》《中华人民共和国劳动合同法》

第一章 建设法规

第一节 无机胶凝材料

第二节 砂浆

第三节 建筑装饰石材

第四节 建筑装饰木质材料

第五节 建筑装饰金属材料

第六节 建筑陶瓷与玻璃

第七节 建筑装饰涂料与塑料制品

第二章 建筑装饰材料

第一节 施工图的基本知识

第二节 装饰施工图的图示方法及内容

第三节 装饰施工图的绘制与识读

第三章 装饰工程识图

第一节 抹灰工程

第二节 门窗工程

第三节 楼地面工程

第四节 顶棚装饰工程

第五节 饰面工程

第四章 建筑装饰施工技术

通用与基础知识

第五章 施工项目管理

第一节 施工项目管理的内容及组织

第二节 施工项目目标控制

第三节 施工资源与现场管理

第六章 建筑力学

第一节 平面力系

第二节 杆件的内力

第三节 杆件强度、刚度和稳定的基本概念

第七章 建筑构造与建筑结构

第一节 建筑构造的基本知识

第二节 建筑结构的基本知识

第八章 工程预算

第一节 工程计量

第二节 工程计价

第九章 计算机和相关管理软件

第一节 Office系统的基本知识

第二节 AutoCAD的基本知识

第三节 相关管理软件的知识

第十章 施工测量

第一节 测量的基本工作

第二节 施工控制测量的知识

第三节 建筑变形观测的知识

# 第一章  建 设 法 规

**考点 1：建设法规构成概述 ●**

> **教材点睛** 教材[①]P1 ～ 2
>
> **1. 我国建设法规体系的五个层次**
>
> （1）建设法律：全国人民代表大会及其常务委员会制定通过，国家主席以主席令的形式发布。
>
> （2）建设行政法规：国务院制定，国务院常务委员会审议通过，国务院总理以国务院令的形式发布。
>
> （3）建设部门规章：住房和城乡建设部制定并颁布，或与国务院其他有关部门联合制定并发布。
>
> （4）地方性建设法规：省、自治区、直辖市人民代表大会及其常委会制定颁布；本地适用。
>
> （5）地方建设规章：省、自治区、直辖市人民政府以及省会（自治区首府）城市和经国务院批准的较大城市的人民政府制定颁布的；本地适用。
>
> **2. 建设法规体系各层次间的法律效力**：上位法优先原则，依次为建设法律、建设行政法规、建设部门规章、地方性建设法规、地方建设规章。

**巩固练习**

1.【判断题】建设法规是指国家立法机关制定的旨在调整国家、企事业单位、社会团体、公民之间，在建设活动中发生的各种社会关系的法律法规的总称。　　（　　）

2.【判断题】在我国的建设法规的五个层次中，法律效力的层级是上位法高于下位法，具体表现为：建设法律→建设行政法规→建设部门规章→地方性建设法规→地方建设规章。　　（　　）

3.【单选题】以下法规属于建设行政法规的是（　　）。

A.《工程建设项目施工招标投标办法》

B.《中华人民共和国城乡规划法》

C.《建设工程安全生产管理条例》

D.《实施工程建设强制性标准监督规定》

4.【多选题】下列属于我国建设法规体系的是（　　）。

A. 建设行政法规　　　　　　　　　　B. 地方性建设法规

---

① 教材特指《施工员通用与基础知识（装饰方向）（第三版）》。

C. 建设部门规章                          D. 建设法律

E. 地方法律

【答案】1. ×；2. √；3. C；4. ABCD

# 第一节 《中华人民共和国建筑法》①

## 考点 2：《建筑法》的立法目的

教材点睛　教材 P2

**1.《建筑法》的立法目的：**加强对建筑活动的监督管理，维护建筑市场秩序，保证建筑工程的质量和安全，促进建筑业健康发展。

**2. 现行《建筑法》是 2011 年修订施行的。**

## 考点 3：从业资格的有关规定●

教材点睛　教材 P2 ～ 5

法规依据：《建筑法》第 12 条～第 14 条；《建筑业企业资质标准》

**建筑业企业的资质**

（1）建筑业企业资质序列：分为施工综合、施工总承包、专业承包和专业作业四个序列。

（2）建筑业企业资质等级：施工综合资质不分等级，施工总承包资质分为甲级、乙级两个等级，专业承包资质一般分为甲级、乙级两个等级（部分专业不分等级），专业作业资质不分等级，见表 1-1。【P2～3】

（3）承揽业务的范围

① 施工综合企业和施工总承包企业：可以承接施工总承包工程。其中建筑工程、市政公用工程施工总承包企业承包工程范围分别见表 1-2、表 1-3。【P3～4】

② 专业承包企业：可以承接具有施工综合资质和施工总承包资质的企业依法分包的专业工程或建设单位依法发包的专业工程。其中，与建筑工程、市政公用工程相关的专业承包企业承包工程的范围见表 1-4。【P4～5】

③ 专业作业企业：可以承接具有上述三个承包资质企业分包的专业作业。

巩固练习

1.【判断题】《建筑法》的立法目的在于加强对建筑活动的监督管理，维护建筑市场

---

① 以下简称《建筑法》。

秩序，保证建筑工程的质量和安全，促进建筑业健康发展。　　　　　（　　）

2.【判断题】地基与基础工程专业乙级承包企业可承担深度不超过24m的刚性桩复合地基处理工程的施工。　　　　　　　　　　　　　　　　　　　（　　）

3.【判断题】承包建筑工程的单位只要实际资质等级达到法律规定，即可在其资质等级许可的业务范围内承揽工程。　　　　　　　　　　　　　　　　（　　）

4.【判断题】专业作业企业可以承接具有施工综合、施工总承包、专业承包资质企业分包的专业作业。　　　　　　　　　　　　　　　　　　　　（　　）

5.【单选题】下列选项中，不属于《建筑法》规定约束的是（　　　）。

A. 建筑工程发包与承包　　　　　　B. 建筑工程涉及的土地征用

C. 建筑安全生产管理　　　　　　　D. 建筑工程质量管理

6.【单选题】建筑业企业资质等级是由（　　　）按资质条件把企业划分成为不同等级。

A. 国务院行政主管部门　　　　　　B. 国务院资质管理部门

C. 国务院工商注册管理部门　　　　D. 国务院

7.【单选题】按照《建筑业企业资质管理规定》，建筑业企业资质分为（　　　）序列。

A. 特级、一级、二级

B. 一级、二级、三级

C. 甲级、乙级、丙级

D. 施工综合、施工总承包、专业承包和专业作业

8.【单选题】按照《建筑法》规定，建筑业企业各资质等级标准和各类别等级资质企业承担工程的具体范围，由（　　　）会同国务院有关部门制定。

A. 国务院国有资产管理部门

B. 国务院建设行政主管部门

C. 该类企业工商注册地的建设行政主管部门

D. 省、自治区及直辖市建设行政主管部门

9.【单选题】下列建筑装修装饰工程的乙级专业承包企业不可以承包的工程范围是（　　　）。

A. 单位工程造价3400万元及以下建筑室内、室外装修装饰工程的施工

B. 单位工程造价1200万元及以下建筑室内、室外装修装饰工程的施工

C. 除建筑幕墙工程外的单位工程造价2400万元及以上建筑室内、室外装修装饰工程的施工

D. 单项合同额2000万元及以下的建筑装修装饰工程，以及与装修工程直接配套的其他工程

【答案】1. √；2. √；3. ×；4. √；5. B；6. A；7. D；8. B；9. A

**考点 4：《建筑法》关于建筑安全生产管理的规定 ★ ●**

教材点睛　教材 P5 ～ 7

法规依据：《建筑法》第 36 条、第 38 条、第 39 条、第 41 条、第 44 条～第 48 条、第 51 条。

**1. 建筑安全生产管理方针**："安全第一、预防为主"

**2. 建筑工程安全生产基本制度**

（1）安全生产责任制度：包括企业各级领导人员的安全职责、企业各有关职能部门的安全生产职责以及施工现场管理人员及作业人员的安全职责三个方面。

（2）群防群治制度：要求建筑企业职工在施工中应当遵守有关生产的法律、法规和建筑行业安全规章、规程，不得违章作业；对于危及生命安全和身体健康的行为有权提出批评、检举和控告。

（3）安全生产教育培训制度：安全生产，人人有责。要求全员培训，未经安全生产教育培训的人员，不得上岗作业。

（4）伤亡事故处理报告制度：事故发生时及时上报，事故处理遵循"四不放过"的原则。[P6]

（5）安全生产检查制度：是安全生产的保障，通过检查发现问题，查出隐患，采取有效措施，堵塞漏洞，做到防患于未然。

（6）安全责任追究制度：对于没有履行职责造成人员伤亡和事故损失的参建单位，视情节给予相应处理；情节严重的，责令停业整顿，降低资质等级或吊销资质证书；构成犯罪的，依法追究刑事责任。

巩固练习

1.【判断题】《建筑法》第 36 条规定：建筑工程安全生产管理必须坚持安全第一、预防为主的方针。其中安全第一是安全生产方针的核心。　　　　　（　　）

2.【判断题】群防群治制度是建筑生产中最基本的安全管理制度，是所有安全规章制度的核心，是安全第一、预防为主方针的具体体现。　　　　　　（　　）

3.【单选题】建筑工程安全生产管理必须坚持安全第一、预防为主的方针。预防为主体现在建筑工程安全生产管理的全过程中，具体是指（　　）、事后总结。

A. 事先策划、事中控制　　　　　　　　B. 事前控制、事中防范

C. 事前防范、监督策划　　　　　　　　D. 事先策划、全过程自控

4.【单选题】下列关于建筑工程安全生产基本制度的说法中，正确的是（　　）。

A. 群防群治制度是建筑生产中最基本的安全管理制度

B. 建筑施工企业应当对直接施工人员进行安全教育培训

C. 安全检查制度是安全生产的保障

D. 施工中发生事故时，建筑施工企业应当及时清理事故现场并向建设单位报告

5.【单选题】针对事故发生的原因，提出防止相同或类似事故发生的切实可行的预

防措施，并督促事故发生单位加以实施，以达到事故调查和处理的最终目的。此款符合"四不放过"事故处理原则的（　　）原则。

    A. 事故原因不清楚不放过        B. 事故责任者和群众没有受到教育不放过

    C. 事故责任者没有处理不放过     D. 事故隐患不整改不放过

6.【单选题】建筑施工单位的安全生产责任制主要包括各级领导人员的安全职责、（　　）以及施工现场管理人员及作业人员的安全职责三个方面。

    A. 项目经理部的安全管理职责

    B. 企业监督管理部的安全监督职责

    C. 企业各有关职能部门的安全生产职责

    D. 企业各级施工管理及作业部门的安全职责

7.【单选题】按照《建筑法》规定，鼓励企业为（　　）办理意外伤害保险，支付保险费。

    A. 从事危险作业的职工         B. 现场施工人员

    C. 全体职工                  D. 特种作业操作人员

8.【多选题】建筑工程安全生产基本制度包括：安全生产责任制度、群防群治制度、（　　）六个方面。

    A. 安全生产教育培训制度      B. 伤亡事故处理报告制度

    C. 安全生产检查制度         D. 防范监控制度

    E. 安全责任追究制度

9.【多选题】在进行生产安全事故报告和调查处理时，必须坚持"四不放过"的原则，包括（　　）。

    A. 事故原因不清楚不放过      B. 事故责任者和群众没有受到教育不放过

    C. 事故单位未处理不放过      D. 事故责任者没有处理不放过

    E. 没有制定防范措施不放过

【答案】1. ×；2. ×；3. A；4. C；5. D；6. C；7. A；8. ABCE；9. ABD

**考点 5：《建筑法》关于质量管理的规定**

| 教材点睛 | 教材 P7 ~ 8 |

法规依据：《建筑法》第 52 条、第 54 条、第 55 条、第 58 条~第 62 条。

**1. 建筑工程竣工验收制度**：建筑工程竣工验收是对工程是否符合设计要求和工程质量标准所进行的检查、考核工作。建筑工程竣工经验收合格后，方可交付使用；未经验收或者验收不合格的，不得交付使用。

**2. 建筑工程质量保修制度**：在《建筑法》规定的保修期限内，因勘察、设计、施工、材料等原因造成的质量缺陷，应当由施工承包单位负责维修、返工或更换，由责任单位负责赔偿损失。对促进建设各方加强质量管理，保护用户及消费者的合法权益，可起到重要的保障作用。

1.【判断题】在建筑工程竣工验收后，在规定的保修期限内，因勘察、设计、施工、材料等原因造成的质量缺陷，应当由责任单位负责维修、返工或更换。（    ）

2.【单选题】建筑工程项目的竣工验收，应当由（    ）依法组织进行。

A. 建设单位　　　　　　　　　　B. 建设单位或有关主管部门

C. 国务院有关主管部门　　　　　D. 施工单位

3.【单选题】在建筑工程竣工验收后，在规定的保修期限内，因勘察、设计、施工、材料等原因造成的质量缺陷，应当由（    ）负责维修、返工或更换。

A. 建设单位　　　　　　　　　　B. 监理单位

C. 责任单位　　　　　　　　　　D. 施工承包单位

4.【单选题】根据《建筑法》的规定，以下属于保修范围的是（    ）。

A. 供热、供冷系统工程　　　　　B. 因使用不当造成的质量缺陷

C. 因第三方造成的质量缺陷　　　D. 因不可抗力造成的质量缺陷

5.【单选题】建筑工程质量保修的具体保修范围和最低保修期限由（    ）规定。

A. 建设单位　　　　　　　　　　B. 国务院

C. 施工单位　　　　　　　　　　D. 建设行政主管部门

6.【多选题】建筑工程的保修范围应包括（    ）等。

A. 地基基础工程　　　　　　　　B. 主体结构工程

C. 屋面防水工程　　　　　　　　D. 电气管线

E. 使用不当造成的质量缺陷

【答案】1. ×；2. B；3. D；4. A；5. B；6. ABCD

# 第二节 《中华人民共和国安全生产法》①

### 考点6：《安全生产法》的立法目的

教材点睛　教材P8

**1.《安全生产法》的立法目的**：加强安全生产工作，防止和减少生产安全事故，保障人民群众生命和财产安全，促进经济社会持续健康发展。

**2. 现行《安全生产法》是2021年修订施行的。**

---

① 以下简称《安全生产法》。

**考点 7：生产经营单位的安全生产保障的有关规定●**

> 教材点睛  教材 P8 ~ 12
>
> 法规依据：《安全生产法》第 20 条 ~ 第 51 条。
>
> **1. 组织保障措施：** 建立安全生产管理机构；明确岗位责任。
>
> **2. 管理保障措施：** 包括人力资源管理、物力资源管理、经济保障措施、技术保障措施。

**考点 8：从业人员的安全生产权利义务的有关规定●**

> 教材点睛  教材 P12 ~ 13
>
> 法规依据：《安全生产法》第 28 条、第 45 条、第 52 条 ~ 第 61 条。
>
> **1. 安全生产中从业人员的权利：** 知情权、批评权和检举、控告权、拒绝权、紧急避险权、请求赔偿权、获得劳动防护用品的权利、获得安全生产教育和培训的权利。
>
> **2. 安全生产中从业人员的义务：** 自律遵规的义务、自觉学习安全生产知识的义务、危险报告义务。

**考点 9：安全生产监督管理的有关规定**

> 教材点睛  教材 P13 ~ 14
>
> 法规依据：《安全生产法》第 62 条 ~ 第 78 条。
>
> **1. 安全生产监督管理部门：**《安全生产法》第 9 条规定，国务院应急管理的部门对全国安全生产工作实施综合监督管理。国务院交通运输、住房和城乡建设、水利、民航等有关部门在各自的职责范围内对有关行业、领域的安全生产工作实施监督管理。
>
> **2. 安全生产监督管理措施：** 审查批准、验收、取缔、撤销、依法处理。
>
> **3. 安全生产监督管理部门的职权：** 监督检查不得影响被检查单位的正常生产经营活动。【P14】

巩固练习

1.【判断题】危险物品的生产、经营、储存单位以及矿山、建筑施工单位的主要负责人和安全管理人员，应当缴费参加由有关部门组织的对其安全生产知识和管理能力考核，合格后方可任职。　　　　　　　　　　　　　　　　　　　　　　（　　）

2.【判断题】生产经营单位的特种作业人员必须按照国家有关规定经生产经营单位组织的安全作业培训，方可上岗作业。　　　　　　　　　　　　　　　（　　）

3.【判断题】生产经营单位应当按照国家有关规定，将本单位重大危险源及有关安

全措施、应急措施报有关地方人民政府建设行政主管部门备案。            （    ）

4.【判断题】《安全生产法》的立法目的是加强安全生产工作，防止和减少生产安全事故，保障人民群众生命和财产安全，促进经济社会持续健康发展。            （    ）

5.【判断题】建筑施工从业人员在一百人以下的，不需要设置安全生产管理机构或者配备专职安全生产管理人员，但应当配备兼职的安全生产管理人员。            （    ）

6.【判断题】国家对严重危及生产安全的工艺、设备实行审批制度。            （    ）

7.【判断题】生产经营单位的安全生产管理人员应当根据本单位的生产经营特点，对安全生产状况进行经常性检查；对检查中发现的安全问题，应当立即报告。    （    ）

8.【判断题】生产经营单位临时聘用的钢结构焊接工人不属于生产经营单位的从业人员，所以不享有相应的从业人员应享有的权利。            （    ）

9.【单选题】《安全生产法》主要对生产经营单位的安全生产保障、（    ）、安全生产的监督管理、生产安全事故的应急救援与调查处理四个主要方面作出了规定。

A. 生产经营单位的法律责任            B. 安全生产的执行
C. 从业人员的权利和义务            D. 施工现场的安全

10.【单选题】下列关于生产经营单位安全生产保障的说法中，正确的是（    ）。

A. 可以将生产经营项目、场所、设备发包给建设单位指定认可的不具有相应资质等级的单位或个人
B. 生产经营单位的特种作业人员经过单位组织的安全作业培训方可上岗作业
C. 生产经营单位必须依法参加工伤社会保险，为从业人员缴纳保险费
D. 生产经营单位仅需要为从业人员提供劳动防护用品

11.【单选题】下列措施中，不属于生产经营单位安全生产保障措施中经济保障措施的是（    ）。

A. 保证劳动防护用品、安全生产培训所需要的资金
B. 保证工伤社会保险所需要的资金
C. 保证安全设施所需要的资金
D. 保证员工食宿设备所需要的资金

12.【单选题】当从业人员发现直接危及人身安全的紧急情况时，有权停止作业或在采取可能的应急措施后撤离作业场所，这里的权是指（    ）。

A. 拒绝权            B. 批评权和检举、控告权
C. 紧急避险权            D. 自我保护权

13.【单选题】根据《安全生产法》规定，生产经营单位与从业人员订立协议，免除或减轻其对从业人员因生产安全事故伤亡依法应承担的责任，该协议（    ）。

A. 无效            B. 有效
C. 经备案后生效            D. 效力待定

14.【单选题】根据《安全生产法》规定，安全生产中从业人员的义务不包括（    ）。

A. 遵守安全生产规章制度和操作规程            B. 接受安全生产教育和培训
C. 安全隐患及时报告            D. 紧急处理安全事故

15.【单选题】下列不属于生产经营单位的从业人员的范畴的是（    ）。

A. 技术人员            B. 临时聘用的钢筋工

C. 管理人员 D. 监督部门视察的监管人员

16.【单选题】下列选项中，不属于安全生产监督检查人员义务的是（ ）。

A. 对检查中发现的安全生产违法行为，当场予以纠正或者要求限期改正

B. 执行监督检查任务时，必须出示有效的监督执法证件

C. 对涉及被检查单位的技术秘密和业务秘密，应当为其保密

D. 应当忠于职守，坚持原则，秉公执法

17.【多选题】生产经营单位安全生产保障措施由（ ）组成。

A. 经济保障措施 B. 技术保障措施

C. 组织保障措施 D. 法律保障措施

E. 管理保障措施

【答案】1.×；2.×；3.×；4.√；5.×；6.×；7.×；8.×；9.C；10.C；11.D；12.C；13.A；14.D；15.D；16.A；17.CE

**考点 10：安全事故应急救援与调查处理的规定 ★ ●**

教材点睛 教材P14～15

法规依据：《安全生产法》第79条～第89条、《生产安全事故报告和调查处理条例》

**1. 生产安全事故的等级划分标准**（按生产安全事故造成的人员伤亡或直接经济损失划分）

（1）特别重大事故：死亡≥30人，或重伤≥100人（包括急性工业中毒，下同），或直接经济损失≥1亿元的事故；

（2）重大事故：10人≤死亡＜30人，或50人≤重伤＜100人，或5000万元≤直接经济损失＜1亿元的事故；

（3）较大事故：3人≤死亡＜10人，或10人≤重伤＜50人，或1000万元≤直接经济损失＜5000万元的事故；

（4）一般事故：死亡＜3人，或重伤＜10人，或直接经济损失＜1000万元的事故。

**2. 生产安全事故报告**

（1）生产经营单位发生生产安全事故后，事故现场有关人员应当立即报告本单位负责人。单位负责人接到事故报告后，应当按照国家有关规定立即如实报告当地负有安全生产监督管理职责的部门，不得隐瞒不报、谎报或者迟报，不得故意破坏事故现场、毁灭有关证据。

（2）特种设备发生事故的，还应当同时向特种设备安全监督管理部门报告。实行施工总承包的建设工程，由总承包单位负责上报事故。

**3. 应急抢救工作：**单位负责人接到事故报告后，应当迅速采取有效措施，组织抢救，防止事故扩大，减少人员伤亡和财产损失。

**4. 事故的调查：**事故调查处理应当按照科学严谨、依法依规、实事求是、注重实效的原则，及时、准确地查清事故原因，查明事故性质和责任，评估应急处置工作，总结事故教训，提出整改措施，并对事故责任者提出处理建议。

巩固练习

1.【判断题】某施工现场脚手架倒塌，造成 3 人死亡 8 人重伤，根据《生产安全事故报告和调查处理条例》规定，该事故等级属于一般事故。（　　）

2.【判断题】某化工厂施工过程中造成化学品试剂外泄，导致现场 15 人死亡、120 人急性工业中毒，根据《生产安全事故报告和调查处理条例》规定，该事故等级属于重大事故。（　　）

3.【判断题】生产经营单位发生生产安全事故后，事故现场相关人员应当立即报告施工项目经理。（　　）

4.【判断题】某实行施工总承包的建设工程的分包单位所承担的分包工程发生生产安全事故，分包单位负责人应当立即如实报告给当地建设行政主管部门。（　　）

5.【单选题】根据《生产安全事故报告和调查处理条例》规定：造成 10 人及以上 30 人以下死亡，或者 50 人及以上 100 人以下重伤，或者 5000 万元及以上 1 亿元以下直接经济损失的事故属于（　　）。

A. 重伤事故
B. 较大事故
C. 重大事故
D. 死亡事故

6.【单选题】某市地铁工程施工作业面内，因大量水和流沙涌入，引起部分结构损坏及周边地区地面沉降，造成 3 栋建筑物严重倾斜，直接经济损失约合 1.5 亿元。根据《生产安全事故报告和调查处理条例》规定，该事故等级属于（　　）。

A. 特别重大事故
B. 重大事故
C. 较大事故
D. 一般事故

7.【单选题】以下关于安全事故调查的说法中，错误的是（　　）。

A. 重大事故由事故发生地省级人民政府负责调查

B. 较大事故的事故发生地与事故发生单位不在同一个县级以上行政区域的，由事故发生单位所在地的人民政府负责调查，事故发生地人民政府应当派人参加

C. 一般事故以下等级事故，可由县级人民政府直接组织事故调查，也可由上级人民政府组织事故调查

D. 特别重大事故由国务院或者国务院授权有关部门组织事故调查组进行调查

8.【多选题】国务院《生产安全事故报告和调查处理条例》规定：根据生产安全事故造成的人员伤亡或者直接经济损失，以下事故等级分类正确的有（　　）。

A. 造成 120 人急性工业中毒的事故为特别重大事故

B. 造成 8000 万元直接经济损失的事故为重大事故

C. 造成 3 人死亡、800 万元直接经济损失的事故为一般事故

D. 造成 10 人死亡、35 人重伤的事故为较大事故

E. 造成 10 人死亡、35 人重伤的事故为重大事故

9.【多选题】国务院《生产安全事故报告和调查处理条例》规定，事故一般分为（　　）等级。

A. 特别重大事故
B. 重大事故
C. 大事故
D. 一般事故

E. 较大事故

【答案】1. ×；2. ×；3. ×；4. ×；5. C；6. A；7. B；8. ABE；9. ABDE

# 第三节 《建设工程安全生产管理条例》《建设工程质量管理条例》

### 考点 11：《建设工程安全生产管理条例》★ ●

教材点睛 | 教材 P15～19

**1. 立法目的**：为了加强建设工程安全生产监督管理，保障人民群众生命和财产安全。

**2.** 现行《建设工程安全生产管理条例》是 **2004** 年修订施行的。

**3.**《建设工程安全生产管理条例》关于施工单位的安全责任的有关规定。

法规依据：《建设工程安全生产管理条例》第 20 条～第 38 条。

（1）施工单位有关人员的安全责任

1）施工单位主要负责人（法人及施工单位全面负责、有生产经营决策权的人）：依法对本单位的安全生产工作全面负责。

2）施工单位的项目负责人（具有建造师执业资格的项目经理）：对建设工程项目的安全生产工作全面负责。

3）专职安全生产管理人员（具有安全生产考核合格证书）：对安全生产进行现场监督检查。发现安全事故隐患，应当及时向项目负责人和安全生产管理机构报告；对于违章指挥、违章操作的，应当立即制止。

（2）总承包单位和分包单位的安全责任：总承包单位对施工现场的安全生产负总责，分包单位应当服从总承包单位的安全生产管理；总承包单位和分包单位对分包工程的安全生产承担连带责任，但分包单位不服从管理导致生产安全事故的，由分包单位承担主要责任。

（3）安全生产教育培训。

1）管理人员的考核：施工单位的主要负责人、项目负责人、专职安全生产管理人员应当经建设行政主管部门或者其他有关部门考核合格后方可任职。

2）作业人员的安全生产教育培训：日常培训、新岗位培训、特种作业人员的专门培训。

（4）施工单位应采取的安全措施：编制安全技术措施、施工现场临时用电方案和专项施工方案；实行安全施工技术交底；设置施工现场安全警示标志；采取施工现场安全防护措施；施工现场的布置应当符合安全和文明施工要求；对周边环境采取防护措施；制定实施施工现场消防安全措施；加强安全防护设备、起重机械设备管理；为施工现场从事危险作业人员办理意外伤害保险。

1. 【判断题】建设工程施工前，施工单位负责该项目管理的施工员应当对有关安全施工的技术要求向施工作业班组、作业人员作出详细说明，并由双方签字确认。（　　）

2. 【判断题】施工技术交底的目的是使现场施工人员对安全生产有所了解，最大限度地避免安全事故的发生。（　　）

3. 【判断题】施工单位应当在施工现场入口处、施工起重机械、临时用电设施、脚手架等危险部位，设置明显的安全警示标志。（　　）

4. 【单选题】以下关于专职安全生产管理人员的说法中，有误的是（　　）。

A. 施工单位安全生产管理机构的负责人及其工作人员属于专职安全生产管理人员

B. 施工现场专职安全生产管理人员属于专职安全生产管理人员

C. 专职安全生产管理人员是指经过建设单位安全生产考核合格取得安全生产考核证书的专职人员

D. 专职安全生产管理人员应当对安全生产进行现场监督检查

5. 【单选题】下列安全生产教育培训中，不是施工单位必须做的是（　　）。

A. 施工单位的主要负责人的考核

B. 特种作业人员的专门培训

C. 作业人员进入新岗位前的安全生产教育培训

D. 监理人员的考核培训

6. 【单选题】《特种设备安全监察条例》规定的施工起重机械，在验收前应当经有相应资质的检验检测机构监督检验合格。施工单位应当自施工起重机械和整体提升脚手架、模板等自升式架设设施验收合格之日起（　　）日内，向建设行政主管部门或者其他有关部门登记。

A. 15　　　　　　　　　　　　　B. 30

C. 7　　　　　　　　　　　　　D. 60

7. 【多选题】以下关于总承包单位和分包单位的安全责任的说法中，正确的是（　　）。

A. 总承包单位应当自行完成建设工程主体结构的施工

B. 总承包单位对施工现场的安全生产负总责

C. 经业主认可，分包单位可以不服从总承包单位的安全生产管理

D. 分包单位不服从管理导致生产安全事故的，由总包单位承担主要责任

E. 总承包单位和分包单位对分包工程的安全生产承担连带责任

8. 【多选题】根据《建设工程安全生产管理条例》，应编制专项施工方案，并附具安全验算结果的分部分项工程包括（　　）。

A. 深基坑工程　　　　　　　　　B. 起重吊装工程

C. 模板工程　　　　　　　　　　D. 楼地面工程

E. 脚手架工程

9. 【多选题】施工单位应当根据论证报告修改完善专项方案，并经（　　）签字后，方可组织实施。

A. 施工单位技术负责人　　　　　B. 总监理工程师

C. 项目监理工程师　　　　　　　　　　D. 建设单位项目负责人

E. 建设单位法人

10.【多选题】施工单位使用承租的机械设备和施工机具及配件，由（　　　）共同进行验收。

A. 施工总承包单位　　　　　　　　　　B. 出租单位

C. 分包单位　　　　　　　　　　　　　D. 安装单位

E. 建设监理单位

【答案】1. √；2. ×；3. √；4. C；5. D；6. B；7. ABE；8. ABCE；9. AB；10. ABCD

**考点 12：《建设工程质量管理条例》★ ●**

**教材点睛** 教材 P19 ～ 20

**1. 立法目的：**加强对建设工程质量的管理，保证建设工程质量，保护人民生命和财产安全。

**2. 现行《建设工程质量管理条例》是 2019 年第二次修订的。**

**3.《建设工程质量管理条例》关于施工单位的质量责任和义务的有关规定。**

法规依据：《建设工程质量管理条例》第 25 条～第 33 条。

（1）依法承揽工程：施工单位应依法取得相应等级的资质证书，在资质等级许可范围内承揽工程；禁止以超资质、挂靠、被挂靠等方式承揽工程；不得转包或者违法分包工程。

（2）施工单位的质量责任：施工单位对建设工程的施工质量负责。建设工程实行总承包的，总承包单位应当对全部建设工程质量负责；建设工程勘察、设计、施工、设备采购的一项或者多项实行总承包的，总承包单位应当对其承包的建设工程或者采购的设备的质量负责；分包单位应当对其分包工程的质量向总承包单位负责，总承包单位与分包单位对分包工程的质量承担连带责任。

（3）施工单位的质量义务：按图施工；对建筑材料、构配件和设备进行检验的责任；对施工质量进行检验的责任；见证取样；保修责任。

**巩固练习**

1.【判断题】施工人员对涉及结构安全的试块、试件以及有关材料，应当在建设单位或者工程监理单位监督下现场取样，并送具有相应资质等级的质量检测单位进行检测。

（　　　）

2.【判断题】在建设单位竣工验收合格前，施工单位应对质量问题履行返修义务。

（　　　）

3.【单选题】某项目分期开工建设，开发商二期工程 3、4 号楼仍然复制使用一期工程施工图纸。施工时施工单位发现该图纸使用的 02 标准图集现已废止，按照《建设工质量管理条例》的规定，施工单位正确的做法是（　　）。

  A. 继续按图施工，因为按图施工是施工单位的本分

  B. 按现行图集套改后继续施工

  C. 及时向有关单位提出修改意见

  D. 由施工单位技术人员修改图纸

  4.【单选题】根据《建设工程质量管理条例》规定，施工单位应当对建筑材料、建筑构配件、设备和商品混凝土进行检验，下列做法不符合规定的是（　　）。

  A. 未经检验的，不得用于工程上

  B. 检验不合格的，应当重新检验，直至合格

  C. 检验要按规定的格式形成书面记录

  D. 检验要有相关的专业人员签字

  5.【单选题】根据有关工程返修的规定，下列说法正确的是（　　）。

  A. 对施工过程中出现质量问题的建设工程，若非施工单位原因造成的，施工单位不负责返修

  B. 对施工过程中出现质量问题的建设工程，无论是否施工单位原因造成的，施工单位都应负责返修

  C. 对竣工验收不合格的建设工程，若非施工单位原因造成的，施工单位不负责返修

  D. 对竣工验收不合格的建设工程，若是施工单位原因造成的，施工单位负责有偿返修

  6.【多选题】以下选项中，属于施工单位的质量责任和义务的有（　　）。

  A. 建立质量保证体系

  B. 按图施工

  C. 对建筑材料、构配件和设备进行检验的责任

  D. 组织竣工验收

  E. 见证取样

【答案】1. √；2. √；3. C；4. B；5. B；6. ABCE

# 第四节 《中华人民共和国劳动法》[①]《中华人民共和国劳动合同法》[②]

## 考点 13：《劳动法》《劳动合同法》立法目的

教材点睛 | 教材 P20 ～ 21

  **1.《劳动法》立法目的**：保护劳动者的合法权益，调整劳动关系，建立和维护适应社会主义市场经济的劳动制度，促进经济发展和社会进步。现行《劳动法》是 2018 年第二次修订的。

---

① 以下简称《劳动法》。

② 以下简称《劳动合同法》。

**2.《劳动合同法》立法目的**：为了完善劳动合同制度，明确劳动合同双方当事人的权利和义务，保护劳动者的合法权益，构建和发展和谐稳定的劳动关系。现行《劳动合同法》是 2013 年修订施行的。

**考点 14：《劳动法》《劳动合同法》关于劳动合同和集体合同的有关规定 ★ ●**

法规依据：关于劳动合同的条文见《劳动法》第 16 条～第 32 条，《劳动合同法》第 7 条～第 50 条；

关于集体合同的条文见《劳动法》第 33 条～第 35 条，《劳动合同法》第 51 条～第 56 条。

**1. 劳动合同的分类**：分为固定期限劳动合同、无固定期限劳动合同和以完成一定工作任务为期限的劳动合同。集体合同实际上是一种特殊的劳动合同。

**2. 劳动合同的订立**

（1）应当订立无固定期限劳动合同的情况：劳动者在该用人单位连续工作满 10 年的；用人单位初次实行劳动合同制度或者国有企业改制重新订立劳动合同时，劳动者在该用人单位连续工作满 10 年且距法定退休年龄不足 10 年的；同一单位连续订立两次固定期限劳动合同的。

（2）订立劳动合同的时间限制：建立劳动关系，应当订立书面劳动合同。

**3. 劳动合同无效的情况**

（1）以欺诈、胁迫的手段或者乘人之危，使对方在违背真实意思的情况下订立或者变更劳动合同的；

（2）用人单位免除自己的法定责任、排除劳动者权利的；

（3）违反法律、行政法规强制性规定的。

劳动合同部分无效，不影响其他部分效力的，其他部分仍然有效。

**4. 集体合同的内容与订立**

（1）集体合同的主要内容：包括劳动报酬、工作时间、休息休假、劳动安全卫生、保险福利等事项，也可以就劳动安全卫生、女职工权益保护、工资调整机制等事项订立专项集体合同。

（2）集体合同的签订人：工会代表职工或由职工推举的代表。

（3）集体合同的效力：对企业和企业全体职工具有约束力。职工个人与企业订立的劳动合同中劳动条件和劳动报酬等标准不得低于集体合同的规定。

（4）集体合同争议的处理：因履行集体合同发生争议，经协商解决不成的，工会或职工协商代表可以自劳动争议发生之日起 1 年内向劳动争议仲裁委员会申请劳动仲裁；对劳动仲裁结果不服的，可以自收到仲裁裁决书之日起 15 日内向人民法院提起诉讼。

**考点 15：《劳动法》关于劳动安全卫生的有关规定 ●**

教材点睛   教材 P27

法规依据：《劳动法》第 52 条～第 57 条。

**1. 劳动安全卫生的概念：** 指直接保护劳动者在劳动中的安全和健康的法律保护。

**2. 用人单位和劳动者应当遵守的劳动安全卫生法律规定。**

巩固练习

1.【判断题】《劳动合同法》的立法目的是完善劳动合同制度，建立和维护适应社会主义市场经济的劳动制度，明确劳动合同双方当事人的权利和义务，保护劳动者的合法权益，构建和发展和谐稳定的劳动关系。（　　）

2.【判断题】用人单位和劳动者之间订立的劳动合同可以采用书面或口头形式。（　　）

3.【判断题】已建立劳动关系，未同时订立书面劳动合同的，应当自用工之日起一个月内订立书面劳动合同。（　　）

4.【判断题】用人单位违反集体合同，侵犯职工劳动权益的，职工可以要求用人单位承担责任。（　　）

5.【单选题】下列社会关系中，属于我国《劳动法》调整的劳动关系的是（　　）。

A. 施工单位与某个体经营者之间的加工承揽关系

B. 劳动者与施工单位之间在劳动过程中发生的关系

C. 家庭雇佣劳动关系

D. 社会保险机构与劳动者之间的关系

6.【单选题】2005 年 2 月 1 日小李经过面试合格后并与某建筑公司签订了为期 5 年的用工合同，并约定了试用期，则试用期最迟至（　　）。

A. 2005 年 2 月 28 日      B. 2005 年 5 月 31 日

C. 2005 年 8 月 1 日      D. 2006 年 2 月 1 日

7.【单选题】甲建筑材料公司聘请王某担任推销员，双方签订劳动合同，合同中约定如果王某完成承包标准，每月基本工资 1000 元，超额部分按 40% 提成，若不完成任务，可由公司扣减工资。下列选项中表述正确的是（　　）。

A. 甲建筑材料公司不得扣减王某工资

B. 由于在试用期内，所以甲建筑材料公司的做法是符合《劳动合同法》的

C. 甲建筑材料公司可以扣发王某的工资，但是不得低于用人单位所在地的最低工资标准

D. 试用期内的工资不得低于本单位相同岗位的最低档工资

8.【单选题】贾某与乙建筑公司签订了一份劳动合同，在合同尚未期满时，贾某拟解除劳动合同。根据规定，贾某应当提前（　　）日以书面形式通知用人单位。

A. 3                                                B. 15
C. 15                                               D. 30

9.【单选题】在下列情形中，用人单位可以解除劳动合同，但应当提前30天以书面形式通知劳动者本人的是（      ）。

   A. 小王在试用期内迟到早退，不符合录用条件

   B. 小李因盗窃被判刑

   C. 小张在外出执行任务时负伤，失去左腿

   D. 小吴下班时间酗酒摔伤住院，出院后不能从事原工作，也拒不从事单位另行安排的工作

10.【单选题】按照《劳动合同法》的规定，在下列选项中，用人单位提前30天以书面形式通知劳动者本人或额外支付1个月工资后可以解除劳动合同的情形是（      ）。

   A. 劳动者患病或非工负伤在规定的医疗期满后不能胜任原工作的

   B. 劳动者试用期间被证明不符合录用条件的

   C. 劳动者被依法追究刑事责任的

   D. 劳动者不能胜任工作，经培训或调整岗位仍不能胜任工作的

11.【单选题】王某应聘到某施工单位，双方于4月15日签订为期3年的劳动合同，其中约定试用期3个月，次日合同开始履行，7月18日，王某拟解除劳动合同，则（      ）。

   A. 必须取得用人单位同意

   B. 口头通知用人单位即可

   C. 应提前30日以书面形式通知用人单位

   D. 应报请劳动行政主管部门同意后以书面形式通知用人单位

12.【单选题】2013年1月，甲建筑材料公司聘请王某担任推销员，但2013年3月，由于王某怀孕，身体健康状况欠佳，未能完成任务，为此，公司按合同的约定扣减工资，只发生活费，其后，又有两个月均未能完成承包任务，因此，甲建筑材料公司作出解除与王某的劳动合同。下列选项中表述正确的是（      ）。

   A. 由于在试用期内，甲建筑材料公司可以随时解除劳动合同

   B. 由于王某不能胜任工作，甲建筑材料公司应提前30日通知王某，解除劳动合同

   C. 甲建筑材料公司可以支付王某一个月工资后解除劳动合同

   D. 由于王某在怀孕期间，所以甲建筑材料公司不能解除劳动合同

13.【多选题】无效的劳动合同，从订立的时候起，就没有法律约束力。下列属于无效的劳动合同的有（      ）。

   A. 报酬较低的劳动合同

   B. 违反法律、行政法规强制性规定的劳动合同

   C. 采用欺诈、威胁等手段订立的严重损害国家利益的劳动合同

   D. 未规定明确合同期限的劳动合同

   E. 劳动内容约定不明确的劳动合同

14.【多选题】关于劳动合同变更，下列表述中正确的有（      ）。

   A. 用人单位与劳动者协商一致，可变更劳动合同的内容

   B. 变更劳动合同只能在合同订立之后、尚未履行之前进行

C. 变更后的劳动合同文本由用人单位和劳动者各执一份

D. 变更劳动合同应采用书面形式

E. 建筑公司可以单方变更劳动合同，变更后劳动合同有效

15.【多选题】根据《劳动合同法》，劳动者有下列（  ）情形之一的，用人单位可随时解除劳动合同。

A. 在试用期间被证明不符合录用条件的

B. 严重失职，营私舞弊，给用人单位造成重大损害的

C. 劳动者不能胜任工作，经过培训或者调整工作岗位，仍不能胜任工作的

D. 劳动者患病，在规定的医疗期满后不能从事原工作，也不能从事由用人单位另行安排的工作的

E. 被依法追究刑事责任

16.【多选题】某建筑公司发生以下事件：职工李某因工负伤而丧失劳动能力；职工王某因盗窃自行车一辆而被公安机关给予行政处罚；职工徐某因与他人同居而怀孕；职工陈某被派往境外逾期未归；职工张某因工程重大安全事故罪被判刑。对此，该建筑公司可以随时解除劳动合同的有（  ）。

A. 李某                    B. 王某

C. 徐某                    D. 陈某

E. 张某

17.【多选题】在下列情形中，用人单位不得解除劳动合同的有（  ）。

A. 劳动者被依法追究刑事责任

B. 女职工在孕期、产期、哺乳期

C. 患病或者非因工负伤，在规定的医疗期内的

D. 因工负伤被确认丧失或者部分丧失劳动能力

E. 劳动者不能胜任工作，经过培训，仍不能胜任工作

18.【多选题】下列情况中，劳动合同终止的有（  ）。

A. 劳动者开始依法享受基本养老待遇

B. 劳动者死亡

C. 用人单位名称发生变更

D. 用人单位投资人变更

E. 用人单位被依法宣告破产

【答案】1. ×；2. ×；3. √；4. ×；5. B；6. C；7. C；8. D；9. D；10. D；11. C；12. D；13. BC；14. ACD；15. ABE；16. DE；17. BCD；18. ABE

# 第二章　建筑装饰材料

## 第一节　无机胶凝材料

### 考点 16：无机胶凝材料的分类及特性

教材点睛　教材 P28

| 无机胶凝材料类型 | 适用环境 | 代表材料 |
|---|---|---|
| 气硬性胶凝材料 | 只适用于干燥环境 | 石灰、石膏、水玻璃 |
| 水硬性胶凝材料 | 既适用于干燥环境，也适用于潮湿环境及水中工程 | 水泥 |

### 考点 17：通用水泥的品种、主要技术性质及应用 ★ ●

教材点睛　教材 P28 ～ 31

**1. 通用水泥的品种、特性及应用**【表 2-1，P29】

**2. 通用水泥的主要技术性质**：细度、标准稠度及其用水量、凝结时间、体积安定性、水泥的强度与等级、水化热。

**3. 装饰工程常用特性水泥的品种、特性及应用**

（1）建筑装修工程中常用的白色硅酸盐水泥和彩色硅酸盐水泥。

1）白色硅酸盐水泥（简称白水泥）：以白色硅酸盐水泥熟料，加入适量石膏，经磨细制成的水硬性胶凝材料。

2）彩色硅酸盐水泥（简称彩色水泥）：① 在白水泥的生料中加入少量金属氧化物，直接烧成彩色水泥熟料，然后再加适量石膏磨细而成；② 为白水泥熟料、适量石膏及碱性颜料共同磨细而成。

（2）白水泥和彩色水泥主要用于建筑物内外的装饰，如地面、楼面、墙面、柱面、台阶等；建筑立面的线条、装饰图案、雕塑等。配以大理石、白云石石子和石英砂作为粗细骨料，可以拌制成彩色砂浆和混凝土，做成彩色水磨石、水刷石等。

巩固练习

1.【判断题】气硬性胶凝材料只能在空气中凝结、硬化、保持和发展强度，一般只适用于干燥环境，不宜用于潮湿环境与水中；那么水硬性胶凝材料则只能适用于潮湿环

境与水中。 （　　）

2.【判断题】国家标准规定：硅酸盐水泥初凝时间不得早于 45min，终凝时间不得迟于 10h。 （　　）

3.【单选题】属于水硬性胶凝材料的是（　　）。

A. 石灰 　　　　　　　　　　B. 石膏
C. 水泥 　　　　　　　　　　D. 水玻璃

4.【单选题】气硬性胶凝材料一般只适用于（　　）环境中。

A. 干燥 　　　　　　　　　　B. 干湿交替
C. 潮湿 　　　　　　　　　　D. 水中

5.【单选题】下列（　　）不属于按用途和性能对水泥分类的。

A. 通用水泥 　　　　　　　　B. 专用水泥
C. 特性水泥 　　　　　　　　D. 多用水泥

6.【单选题】白色硅酸盐水泥加入颜料可制成彩色水泥，对所加颜料的基本要求是（　　）。

A. 酸性颜料 　　　　　　　　B. 碱性颜料
C. 有机颜料 　　　　　　　　D. 无机有机合成颜料

7.【单选题】下列水泥品种中，（　　）水化热最低。

A. 硅酸盐水泥 　　　　　　　B. 普通硅酸盐水泥
C. 高铝水泥 　　　　　　　　D. 火山灰质硅酸盐水泥

8.【多选题】下列关于通用水泥的特性及应用的基本规定中，表述正确的是（　　）。

A. 复合硅酸盐水泥适用于早期强度要求高的工程及冬期施工的工程
B. 矿渣硅酸盐水泥适用于大体积混凝土工程
C. 粉煤灰硅酸盐水泥适用于有抗渗要求的工程
D. 火山灰质硅酸盐水泥适用于抗裂性要求较高的构件
E. 硅酸盐水泥适用于严寒地区遭受反复冻融循环作用的混凝土工程

9.【多选题】下列属于通用水泥的主要技术性质指标的是（　　）。

A. 细度 　　　　　　　　　　B. 凝结时间
C. 黏聚性 　　　　　　　　　D. 体积安定性
E. 水化热

【答案】1. ×；2. ×；3. C；4. A；5. D；6. B；7. D；8. BE；9. ABDE

# 第二节 砂 浆

**考点 18：砌筑砂浆的种类、组成材料及主要技术性质●**

教材点睛 教材 P32～33

## 1. 砌筑砂浆的分类

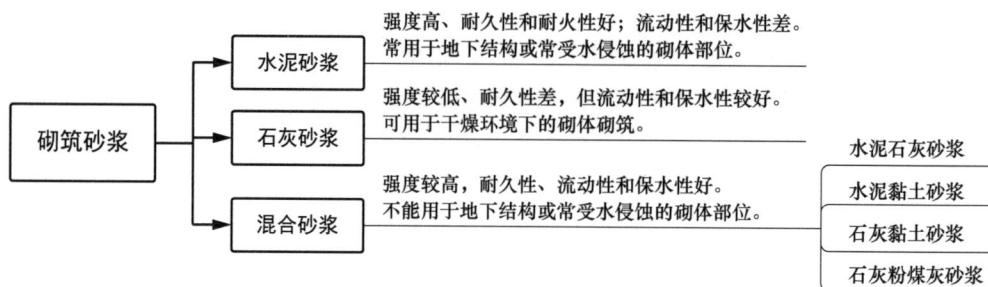

```
                    ┌─ 水泥砂浆 ── 强度高、耐久性和耐火性好；流动性和保水性差。
                    │              常用于地下结构或常受水侵蚀的砌体部位。
                    │
  砌筑砂浆 ─────────┼─ 石灰砂浆 ── 强度较低、耐久性差，但流动性和保水性较好。
                    │              可用于干燥环境下的砌体砌筑。
                    │                                                    ┌─ 水泥石灰砂浆
                    │                                                    ├─ 水泥黏土砂浆
                    └─ 混合砂浆 ── 强度较高，耐久性、流动性和保水性好。   ├─ 石灰黏土砂浆
                                   不能用于地下结构或常受水侵蚀的砌体部位。 └─ 石灰粉煤灰砂浆
```

## 2. 砌筑砂浆的组成材料及其技术要求

（1）胶凝材料（水泥）：常用的水泥种类有普通水泥、矿渣水泥、火山灰水泥、粉煤灰水泥和砌筑水泥等；M15 及以下强度等级的砌筑砂浆宜选用 42.5 级通用硅酸盐水泥或砌筑水泥；M15 以上强度等级的砌筑砂浆宜选用 42.5 级通用硅酸盐水泥。

（2）细骨料（普通砂）：除毛石砌体宜选用粗砂外，其他砌体一般宜选用中砂。砂的含泥量不应超过 5%。

（3）水：选用不含有害杂质的洁净水。

（4）掺加料（无机掺加料）：包括石灰膏、电石膏、粉煤灰等；严禁使用脱水硬化的石灰膏；电石渣没有乙炔气味后，方可使用；消石灰粉不得直接用于砌筑砂浆中。

（5）外加剂：包括有机塑化剂、引气剂、早强剂、缓凝剂、防冻剂等。

**3. 砌筑砂浆的主要技术性质**：包括新拌砂浆的密度、和易性、硬化砂浆强度和粘结力、抗冻性、收缩值等指标。

**考点 19：普通抹面砂浆、装饰砂浆的特性及应用★ ●**

教材点睛 教材 P33～34

**1. 抹面砂浆（抹灰砂浆）的作用**：保护墙体不受风雨、潮气等侵蚀，提高墙体的耐久性；使建筑表面平整、光滑、清洁美观。

**2. 抹面砂浆按使用要求可分为**：普通抹面砂浆、装饰砂浆和特殊功能的抹面砂浆（如防水砂浆、耐酸砂浆、绝热砂浆、吸声砂浆等）。

**3. 普通抹面砂浆**

（1）常用的普通抹面砂浆有：水泥砂浆、水泥石灰砂浆、水泥粉煤灰砂浆、掺塑化剂水泥砂浆、聚合物水泥砂浆、石膏砂浆。

（2）普通抹面砂浆通常分为底层、中层和面层。各层所使用的材料和配合比及施工做法应视基层材料品种、部位及气候环境而定。

（3）普通抹面砂浆要求比砌筑砂浆具有更好的和易性，应适当增加胶凝材料（包括掺合料）的用量。

**4. 装饰砂浆**

（1）装饰砂浆与普通抹面砂浆的主要区别在面层。装饰砂浆的面层应选用具有一定颜色的胶凝材料和集料，并采用特殊的施工操作方法，以使表面呈现出各种不同的色彩线条和花纹等装饰效果。

（2）装饰砂浆常用材料

1）胶凝材料：有白水泥和彩色水泥，以及石灰、石膏等；

2）细骨料：常用大理石、花岗石等带颜色的细石渣或玻璃、陶瓷碎粒等。

（3）装饰砂浆常用的工艺做法：有水刷石、水磨石、斩假石、拉毛等。

---

巩固练习

1.【判断题】M15 以上强度等级的砌筑砂浆宜选用 42.5 级通用硅酸盐水泥。（　　）

2.【单选题】下列对于砂浆与水泥的说法中，错误的是（　　）。

A. 根据胶凝材料的不同，建筑砂浆可分为石灰砂浆、水泥砂浆和混合砂浆

B. 水泥属于水硬性胶凝材料，因而只能在潮湿环境与水中凝结、硬化、保持和发展强度

C. 水泥砂浆强度高，耐久性和耐火性好，常用于地下结构或经常受水侵蚀的砌体部位

D. 水泥按其用途和性能可分为通用水泥、专用水泥以及特性水泥

3.【单选题】砂浆强度等级 M5.0 中，5.0 表示（　　）。

A. 抗压强度平均值大于 5.0MPa　　　　B. 抗压强度平均值小于 5.0MPa

C. 抗折强度平均值大于 5.0MPa　　　　D. 抗折强度平均值小于 5.0MPa

4.【单选题】下列关于砌筑砂浆的组成材料及其技术要求的说法中，正确的是（　　）。

A. M15 及以下强度等级的砌筑砂浆宜选用 42.5 级通用硅酸盐水泥或砌筑水泥

B. 砌筑砂浆常用的细骨料为普通砂，砂的含泥量不应超过 5%

C. 生石灰熟化成石灰膏时，熟化时间不得少于 7d；磨细生石灰粉的熟化时间不得少于 3d

D. 制作电石膏的电石渣应用孔径不大于 3mm×3mm 的网过滤，检验时应加热至 70℃并保持 60min

5.【单选题】下列关于抹面砂浆分类及应用的说法中，不正确的是（　　）。

A. 常用的普通抹面砂浆有水泥砂浆、水泥石灰砂浆、水泥粉煤灰砂浆、掺塑化剂水泥砂浆等

B. 为了保证抹灰表面的平整，避免开裂和脱落，抹面砂浆通常分为底层、中层和面层

C. 装饰砂浆与普通抹面砂浆的主要区别在中层和面层

D. 装饰砂浆常用的胶凝材料有白水泥和彩色水泥，以及石灰、石膏等

6.【单选题】砂浆流动性的大小用（　　　）表示。

A. 坍落度　　　　　　　　　　　　B. 分层度

C. 沉入度　　　　　　　　　　　　D. 针入度

7.【单选题】为了便于涂抹，普通抹面砂浆要求比砌筑砂浆具有更好的（　　　）。

A. 和易性　　　　　　　　　　　　B. 流动性

C. 耐久性　　　　　　　　　　　　D. 保水性

8.【多选题】装饰砂浆常用的工艺做法有（　　　）。

A. 搓毛　　　　　　　　　　　　　B. 拉毛

C. 斩假石　　　　　　　　　　　　D. 水磨石

E. 水刷石

9.【多选题】装饰砂浆常用的胶凝材料有（　　　）。

A. 白水泥　　　　　　　　　　　　B. 石灰

C. 硅酸盐水泥　　　　　　　　　　D. 彩色水泥

E. 石膏

【答案】1. √；2. B；3. A；4. B；5. C；6. C；7. A；8. BCDE；9. ABDE

# 第三节　建筑装饰石材

**考点 20：天然饰面石材的品种、特性及应用●**

**教材点睛** 教材P34～35

**1. 天然大理石板材：**质地较密实、抗压强度较高、吸水率低；易加工、透光性好、色彩丰富、材质细腻。但其抗风化性能较差，一般只用于室内饰面，如墙面、地面、柱面、台面、栏杆、踏步等。

**2. 天然花岗石板材**

（1）花岗石属于酸性硬石材，构造致密、强度高、密度大、吸水率极低、质地坚硬，耐磨、耐酸、抗风化、耐久性好，使用年限长，但花岗石不耐火。

（2）花岗石板材粗面板和亚光板常用于室外地面、墙面、柱面、基座、台阶等；镜面板主要用于室内外地面、墙面、柱面、台面、台阶等，特别适宜大型公共建筑大厅的地面装饰。

**3. 青石板：**质地密实，强度中等，易于加工，是理想的建筑装饰材料，常用于建筑物墙裙、地坪铺贴以及庭院栏杆（板）、台阶等。

**考点 21：人造装饰石材的种类、特性及应用 ★ ●**

> **教材点睛** 教材 P35～36

**1. 人造石材的特点**

质量轻、强度高、色泽均匀、耐腐蚀、耐污染、施工方便、品种多样、装饰性能、价格便宜，广泛应用于各种室内外墙面、柱面、室内地面、楼梯面板以及盥洗台面、服务台面的装饰，还可加工成浮雕、艺术品、美术装潢品和陈列品等。

**2. 根据所有原材料和制造工艺的不同分为四类**

（1）水泥型人造石材

1）材料构成：水泥；天然大理石、花岗岩碎料等；砂。

2）制作工艺：经搅拌、成型、养护、打磨抛光等工序制成。

3）特点：取材方便，价格低廉，但装饰性较差。

4）常见成品：水磨石和各类花阶砖。

（2）树脂型人造石材

1）材料构成：不饱和聚酯、树脂；天然大理石、花岗岩、方解石碎料；固化剂、催化剂、颜料。

2）制作工艺：经搅拌、成型、抛光等工序加工而成。

3）特点：光泽好，色彩鲜艳丰富，可加工性强，装饰效果好。

4）常见成品：人造大理石、人造花岗石、微晶玻璃等。

（3）复合型人造石材

1）制作工艺：先用无机胶结料将填料粘结成型，再将坯体浸渍于有机单体中，在一定条件下聚合而成。

2）特点：造价较低，装饰效果好，但耐久性较差。

（4）烧结型人造石材

1）制作工艺：以长石、石英石、方解石粉和赤铁粉及部分高岭土混合，用泥浆法制坯，半干压法成型后，在窑炉中高温焙烧而成。

2）特点：装饰性好，性能稳定；但能耗大、产品破碎率高、造价高。

> **巩固练习**

1.【判断题】天然大理石板材是高级饰面材料，一般用于室外饰面。 （ ）

2.【判断题】花岗石属于酸性硬石材，构造致密、强度高，但花岗石不耐火。

（ ）

3.【单选题】青石板质地密实，强度中等，易于加工，是理想的建筑装饰材料，但不常用于（ ）。

A. 地基基础          B. 建筑物墙裙

C. 地坪铺贴          D. 庭院栏板

4.【单选题】花岗石板材主要应用于（　　　）。

A. 室外台阶
B. 大型公共建筑室外装饰工程
C. 室外地面装饰工程
D. 室内地面装饰工程

5.【单选题】目前国内外主要使用的人造石材是（　　　）。

A. 水泥型人造石材
B. 树脂型人造石材
C. 复合型人造石材
D. 烧结型人造石材

6.【多选题】人造石材根据所用原材料和制造工艺不同，可以分为（　　　）。

A. 水泥型人造石材
B. 石灰型人造石材
C. 树脂型人造石材
D. 复合型人造石材
E. 烧结型人造石材

【答案】1. ×；2. √；3. A；4. B；5. B；6. ACDE

# 第四节　建筑装饰木质材料

**考点 22：木材的分类、特性及应用●**

**教材点睛** 教材 P36

**1. 建筑工程中直接使用的木材常有三种形式**：原木、板材和枋材。

**2. 木材的主要特性**：优点是力学性能好，声、热性能好，装饰性能好，可加工性好；缺点是不耐腐、不抗蛀蚀、易变形、易燃烧、有木节和斜纹理等。通常需要进行防腐、阻燃、塑合等处理。

**3. 木材的用途**：① 作为结构材料用于结构物的梁、板、柱、拱；② 作为装饰材料用于装饰工程中的门窗、顶棚、护壁板、栏杆、龙骨等。

**考点 23：人造板材的品种、特性及应用★●**

**教材点睛** 教材 P36～37

**1. 人造板的优点**：幅面大，结构性好，施工方便，膨胀收缩率低，尺寸稳定，材质较锯材均匀，不易变形开裂。

**2. 人造板材的缺点**：胶层会老化，长期承载能力差，使用期限比锯材短得多，存在一定的有机物污染。

**3. 常用人造板材的类型**

（1）细木工板（大芯板）：具有较高的硬度和强度，质轻、耐久、易加工的特点；适用于家具制造和建筑装饰装修。

（2）胶合板：具有材质均匀、强度高、幅面大，兼具木纹真实、自然的特点；广泛用作室内护壁板、顶棚板、门框、面板的装修及家具制作。

（3）纤维板：优点是材质构造均匀，各项强度一致，弯曲强度较大，耐磨，不腐朽，无木节、虫眼等缺陷，并具有一定的绝缘性能。缺点是背面有网纹，两面表面积不等，易翘曲变形；表面坚硬，钉钉子困难，耐水性差。硬质纤维板和中密度纤维板一般用作隔墙、地面、家具等。软质纤维板质轻多孔，为隔热吸声材料，多用于吊顶。

（4）刨花板、木丝板、木屑板：表观密度较小，强度较低，主要用作绝热和吸声材料，且不宜于潮湿处。其表面粘贴塑料贴面或胶合板作饰面层后可用作吊顶、隔墙、家具等。

### 考点 24：木制品的品种、特性及应用●

教材点睛 教材 P37～39

**1. 条木地板：**自重小，弹性好，脚感舒适，其导热性好，冬暖夏凉；分为空铺和实铺两种；适用于办公室、会客室、旅馆客房、卧室等场所。

**2. 拼花木地板：**具有极佳的装饰效果；分为双层和单层两种；适合宾馆、会议室、办公室、疗养院、托儿所、体育馆、舞厅、酒吧、民用住宅等的地面装饰。

**3. 强化复合木地板：**

（1）优点：耐磨性好、经久耐用；有较大强度、耐冲击性好、较好的弹性；耐污染腐蚀、抗紫外线、耐香烟灼烧、耐擦洗性能均优于实木地板；规格尺寸大，安装简捷；无须上漆打蜡，维护简便，使用成本低。

（2）构造为三层复合：表层为含有耐磨材料的三聚氰胺树脂浸渍装饰纸，芯层为中、高密度纤维板或刨花板，底层为浸渍酚醛树脂的平衡纸。

（3）适用于办公室、会议室、商场、展览厅、民用住宅等的地面装饰。

**4. 木线：**在室内装饰中起固定、连接、加强装饰效果的作用。

### 巩固练习

1. 【判断题】建筑工程中直接使用的木材常见的三种形式是原木、板材和枋材。

（    ）

2. 【判断题】强化复合木地板耐磨性好、经久耐用。 （    ）

3. 【单选题】下列（    ）人造板材多用于顶棚。

A. 细木工板　　　　　　　　　B. 胶合板
C. 硬质纤维板　　　　　　　　D. 软质纤维板

4. 【单选题】下列木质人造板材中，（    ）表面有天然木纹。

A. 胶合板　　　　　　　　　　　B. 纤维板

C. 刨花板　　　　　　　　　　　D. 木屑板

5.【单选题】强化复合木地板构造为三层复合，芯层为（　　　）。

A. 含有耐磨材料的三聚氰胺树脂浸渍装饰纸

B. 中、高密度纤维板或刨花板

C. 细工木板或胶合板

D. 浸渍酚醛树脂的平衡纸

6.【多选题】木材的优点有（　　　）。

A. 力学性能好　　　　　　　　　B. 声、热性能好

C. 装饰性能好　　　　　　　　　D. 可加工性能好

E. 耐腐蚀性能好

7.【多选题】与锯材相比，关于人造板材的优点，说法错误的是（　　　）。

A. 幅面大，结构性好，施工方便　　B. 膨胀收缩率小，尺寸稳定

C. 材质较锯材均匀，不易变形开裂　D. 长期承载能力好

E. 使用期限比锯材长得多

【答案】1. √；2. √；3. D；4. A；5. B；6. ABCD；7. DE

# 第五节　建筑装饰金属材料

## 考点25：建筑装饰用钢型材的主要品种、特性及应用●

教材点睛　教材P39～41

**1. 钢材**：普遍具有品质均匀、性能可靠、强度高、抗压、抗拉、抗冲击和耐疲劳等特性和一定的塑形、韧性等优点，以及可焊接、铆接或螺栓连接，可切割和弯曲等易于加工的性能。

**2. 圆钢管**：规格用直径表示；主要用于电线套管、水管等。

**3. 方、矩形钢管**：截面为正方形或矩形；主要用于钢骨架、铁艺门窗、家具金属结构等。

**4. 角钢**：分为等边角钢和不等边角钢两种；广泛用于各类装饰基础支架构件。

**5. 工字钢**：截面为工字形的长条钢材；广泛用于建筑结构构件、装饰基础构件及厂房、桥梁等。

**6. 槽钢**：截面为U形的长条钢材；主要用于装饰结构边骨、其他装饰基础构件等。

**7. H型钢**：属于高效经济截面型材；能使钢材更好地发挥效能，提高承载能力，H型钢在很多施工领域逐渐取代了工字钢。

**考点 26：铝合金装饰材料的主要品种、特性及应用 ★ ●**

教材点睛 教材 P41 ～ 43

**1. 铝、铝合金的特性及分类**

（1）铝：银白色的轻金属；具有密度小、熔点低（660℃）、塑性高、强度低、导电性和导热性好等特点。

（2）铝合金：保持了铝质量轻的特性，机械性能明显提高，耐腐蚀性和低温变脆性得到较大改善；主要缺点是弹性模量小、热膨胀系数大、耐热性差、焊接需采用惰性气体保护焊等焊接技术。

（3）根据成分和工艺的特点，铝合金可分为形变铝合金（或称为压力加工铝合金）和铸造铝合金两大类。

**2. 铝合金制品**

（1）铝合金门窗

1）特点：质量轻，气密性、水密性、隔热性和隔声性好，色泽美观、使用维修方便、便于工业化生产等。

2）按其结构与开启方式分为推拉窗（门）、平开窗（门）、固定窗、悬挂窗、回转窗（门）、百叶窗、纱窗等。

（2）铝合金装饰板

1）特点：质量轻、不燃烧、耐久性好、施工方便、装饰效果好等。

2）常见类型：①铝合金花纹板及浅花纹板：用于现代建筑墙面装饰及楼梯、踏板等处。②铝合金压型板：适用于作工程的围护结构（墙面和屋面）。③铝合金穿孔平板：主要用于具有消声要求的各类建筑。④铝合金波纹板：主要用于墙面装饰，也可用作屋面。⑤铝合金龙骨：用于各种民用建筑及吸声顶棚的吊顶构件。

**考点 27：不锈钢装饰材料的主要品种、特性及应用 ●**

教材点睛 教材 P43 ～ 44

**1. 不锈钢**

属于合金钢中的特殊性能钢；其表面有无光泽和高度抛光发亮两种；通过化学浸渍着色处理，可制得各种彩色不锈钢，既保持了不锈钢原有的优良耐蚀性能，又进一步提高了其装饰效果。

**2. 不锈钢装饰板材**

（1）按其表面不同分为：镜面板、磨砂板、喷砂板、蚀刻板、压花板和复合板（组合板）等。

（2）特点：耐火、耐潮、耐腐蚀，不会变形和破碎，色彩绚丽、雍容华贵，彩色面层经久不褪色，色泽随光照角度不同会产生色调变幻，安装施工方便。

（3）适用范围：可用于高级宾馆、饭店、舞厅、会议厅、展览馆、影剧院等的墙面、柱面、顶棚面、造型面以及门面、门厅等装饰。

**3. 不锈钢管材**

（1）不锈钢管材分为无缝管和焊接管（有缝管）两大类。按断面形状又可分为圆管和异形管。

（2）不锈钢管材一般用于门窗配件、厨房设备、卫生间配件、高档家具、楼梯扶手、栏杆等。

**4. 不锈钢线材**

主要有角形线和槽形线两类，具有高强、耐腐蚀、表面光洁如镜、耐水、耐擦、耐气候变化等特点。用于各种装饰面的压边线、收口线、柱角压线等处。

**巩固练习**

1.【判断题】主要用于电线套管、水管等的钢型材为方、矩形钢管。　　　　（　　）

2.【判断题】当钢中加入足够量的铬（Cr）元素时，就成为不锈钢。　　　　（　　）

3.【单选题】钢型材中，（　　）与工字钢的界面相似，但翼缘更宽。

A. 等边角钢　　　　　　　　　　　B. 不等边角钢

C. 槽钢　　　　　　　　　　　　　D. H 型钢

4.【单选题】防锈铝合金属于（　　）。

A. 二元合金　　　　　　　　　　　B. 三元合金

C. 形变铝合金　　　　　　　　　　D. 铸造铝合金

5.【单选题】不锈钢管材按断面形状可分为（　　）。

A. 方管和异形管　　　　　　　　　B. 无缝管和焊接管

C. 套管和内管　　　　　　　　　　D. 圆管和异形管

6.【多选题】下列关于不锈钢装饰材料的特性说法中，错误的是（　　）。

A. 不锈钢板耐火、耐潮、耐腐蚀

B. 彩色不锈钢板彩色层面经久不褪色

C. 彩色不锈钢保持了不锈钢的优良耐腐蚀性能

D. 不锈钢管材是圆形管

E. 不锈钢线材有方形、矩形、半圆形、六角形等

【答案】1. ×；2. √；3. D；4. C；5. D；6. DE

# 第六节　建筑陶瓷与玻璃

**考点 28：常用建筑陶瓷制品的种类、特性及应用★●**

教材点睛　教材 P44 ～ 45

**1. 按陶瓷制品的烧结程度分为：**陶质、瓷质和炻质三大类。

**2. 常用建筑陶瓷制品：**陶瓷砖、陶瓷锦砖（马赛克）、琉璃制品和卫生陶瓷。

（1）陶瓷砖：是用于建筑物墙面、地面的陶质、炻质和瓷质饰面砖的总称。

1）地砖大多为低吸水率砖。主要特征是硬度大、耐磨性好、胎体较厚、强度较高、耐污染性好。主要品种有各类瓷质砖（施釉、不施釉、抛光、渗花砖等）、彩色釉面砖、红地砖、霹雳砖等。其中抛光砖生产过程能源消耗高，噪声污染严重，不属于绿色产品。

2）建筑物外墙砖按表面分为无釉和有釉两种。陶瓷外墙砖的主要品种为彩色釉面砖，寒冷地区应选用低吸水率砖。

3）陶质砖主要用作厨房、卫生间、浴室等内墙面的装饰与保护，但不宜用于室外。

（2）陶瓷锦砖（马赛克）：分为无釉和有釉两种；主要用于洁净车间、化验室、浴室等室内地面铺贴，以及高级建筑物的外墙装饰。

（3）琉璃制品：表面光滑、色彩绚丽、造型古朴、坚实耐久和富有民族特色；主要产品有琉璃瓦、琉璃砖、琉璃兽、琉璃花窗和栏杆等。

（4）卫生陶瓷：主要用于浴室、盥洗室、厕所等处。

**3. 新型建筑陶瓷制品：**渗水多孔砖、保温多孔砖、变色釉面砖、抗菌陶瓷砖和抗静电陶瓷砖。

**4. 墙地砖选用要求：**满足装饰效果，尽量选用吸水率低、尺寸稳定性好的产品。

**考点 29：建筑玻璃的特性及应用●**

教材点睛　教材 P45 ～ 48

**1. 平板玻璃**

它具有良好的透视、透光、隔声、保温性能；是典型的脆性材料，抗拉强度远小于抗压强度；有较高的化学稳定性；热稳定性较差，急冷急热，易发生炸裂。主要应用于建筑用平板玻璃（含加工玻璃）和汽车用玻璃，或作为钢化、夹层、镀膜、中空等深加工玻璃的原片。

**2. 安全玻璃**

（1）钢化玻璃：用于高层建筑物的门窗、幕墙、隔墙、桌面玻璃、炉门上的观察窗以及汽车风挡、电视屏幕等。按钢化原理不同分为物理钢化和化学钢化两种。玻璃破碎时形成圆滑微粒，不易伤人。

（2）夹丝玻璃：适用于公共建筑的阳台、楼梯、电梯间、走廊、厂房天窗和各种采光屋顶。具有耐冲击性和耐热性好，防火、防盗的功能。

（3）夹层玻璃（防弹玻璃）：抗冲击性能强，耐久、耐热、耐湿、耐寒和隔声等性能好。适用于有特殊安全要求的建筑物的门窗、隔墙，工业厂房的天窗和某些水下工程等。

**3. 节能玻璃**

（1）吸热玻璃：能吸收大量红外线辐射能并保持较高可见光透过率。广泛用于建筑物的门窗、外墙、室内装饰隔断，以及用作车、船挡风玻璃等，起隔热、防眩、采光及装饰等作用。

（2）热反射玻璃（镜面玻璃）：具有较高的热反射能力且又保持良好的透光性。主要用于有绝热要求的建筑物门窗、玻璃幕墙、汽车和轮船的玻璃等。

（3）中空玻璃：具有良好的绝热、隔声效果，而且露点低、自重小；适用于需要供暖、制冷、防止噪声、防止结露以及需要无直射阳光和特殊光的建筑物。

**4. 装饰玻璃有板材和砖材之分**

主要品种有彩色玻璃、玻璃贴面砖、玻璃锦砖、压花玻璃、磨砂玻璃等。新型品种有激光玻璃、微晶玻璃、智能调光玻璃等。

**5. 玻璃砖**

它具有透光不透视、保温隔声、密封性强、不透灰、不结露、能短期隔断火焰、抗压耐磨、光洁明亮、图案精美、化学稳定性强等特点；分为实心和空心（单腔和双腔）两类；可用于砌筑透光屋面、非承重结构外墙、内墙、门厅、通道及浴室等隔断，特别适用于宾馆、展览厅馆、体育场馆等高级建筑。

**巩固练习**

1.【判断题】陶瓷制品按烧结程度分为陶质、瓷质和炻质三大类。　　　　（　　　）
2.【判断题】抛光砖生产过程能源消耗高，噪声污染严重，不属于绿色产品。
　　　　　　　　　　　　　　　　　　　　　　　　　　　　　　　　（　　　）
3.【判断题】装饰玻璃有板材和砖材之分。　　　　　　　　　　　　　（　　　）
4.【单选题】琉璃主要产品不包括（　　　）。
A. 琉璃瓦　　　　　　　　　　　　　B. 琉璃花窗
C. 琉璃砖　　　　　　　　　　　　　D. 琉璃地砖
5.【单选题】陶瓷地砖大多为低吸水率砖，主要特征不包括（　　　）。
A. 硬度大　　　　　　　　　　　　　B. 耐磨性好
C. 胎体较薄　　　　　　　　　　　　D. 耐污染性好
6.【单选题】不属于新型建筑陶瓷制品的是（　　　）。

A. 保温多孔砖      B. 隔水多孔砖

C. 变色釉面砖      D. 抗静电陶瓷砖

7.【单选题】热反射玻璃主要用于有（　　　）要求的建筑物门窗、玻璃幕墙等的玻璃。

A. 绝热      B. 透光不透视

C. 露点低      D. 防眩

8.【单选题】下列不属于安全玻璃的是（　　　）。

A. 钢化玻璃      B. 平板玻璃

C. 夹层玻璃      D. 夹丝玻璃

9.【多选题】建筑陶瓷制品最常用的有（　　　）。

A. 陶瓷砖      B. 陶瓷锦砖

C. 琉璃制品      D. 玻璃制品

E. 卫生陶瓷

10.【多选题】下列属于节能玻璃的是（　　　）。

A. 吸热玻璃      B. 热反射玻璃

C. 钢化玻璃      D. 夹丝玻璃

E. 中空玻璃

11.【多选题】中空玻璃是将两片或多片平板玻璃相互间隔12cm镶于边框中，且四周加以密封，间隔空腔充填（　　　），以获得良好的隔热效果。

A. 干燥空气      B. 还原气体

C. 惰性气体      D. 真空

E. 氧气

12.【多选题】具有透光不透视特点的玻璃有（　　　）。

A. 彩色玻璃      B. 压花玻璃

C. 磨砂玻璃      D. 吸热玻璃

E. 玻璃砖

【答案】1. √；2. √；3. √；4. D；5. C；6. B；7. A；8. B；9. ABCE；10. ABE；11. AC；12. BCE

# 第七节　建筑装饰涂料与塑料制品

**考点30：建筑装饰涂料的主要品种、特性及应用**

教材点睛   教材 P48 ～ 50

**1. 内墙涂料**

（1）水溶性内墙涂料：耐水性、耐刷洗性、附着力不好，涂膜经不起雨水冲刷和冷热交替，803涂料中残留的游离甲醛对人体、环境和施工时的劳动保护都有不利影响。

（2）合成树脂乳液内墙涂料（乳胶漆）：具有耐水、耐洗刷、耐腐蚀和耐久性好的特点。

（3）溶剂型内墙涂料：光洁度好，易于冲洗，耐久性好，但透气性差，易结露，多用于厅堂、走廊等处。

（4）内墙粉末涂料：具有不起壳、不掉粉、价格低、使用方便等特点。加入功能性组分可制成具有净化空气、调湿和抗菌功能的涂料。

（5）多彩内墙涂料：涂层色泽丰富，富有立体感，装饰效果好；涂膜质地厚，有弹性，类似壁纸，整体感好；耐油、耐水、耐腐蚀、耐洗刷、耐久性好；具有较好的透气性。

**2. 外墙涂料**

（1）丙烯酸酯乳胶漆：具有优良的耐热性、耐候性、耐腐蚀性、耐沾污性，附着力高，保色保光性好；但硬度、抗污染性、耐溶剂性等较弱。在实际工程中广泛使用。

（2）聚氨酯系列外墙涂料：有优良的耐酸碱性、耐水性、耐老化性、耐高温性，涂膜光泽度好，呈瓷质感。

（3）彩色砂壁状外墙涂料：具有丰富的色彩和质感，保色性、耐水性、耐候性好，使用寿命达 10 年以上。

（4）水乳型合成树脂乳液外墙涂料：施工方便，涂膜透气性好，不易燃，环境污染小，对人体毒性小。

（5）氟碳涂料：具有许多独特的性质，如超耐气候老化性、超耐化学腐蚀性等。

**3. 地面涂料**

具有优良的耐磨性、耐碱性、耐水性和抗冲击性。

### 考点 31：建筑装饰塑料制品的主要品种、特性及应用●

**1. 塑料墙纸和墙布的特点**：装饰效果好；性能优越；适合大规模生产；粘贴施工方便；使用寿命长，易维修保养，易于更换；塑料墙纸具有一定的伸缩性，抗裂性较好，表面可擦洗，对酸碱有较强的抵抗能力。

**2. 塑料装饰板的特点**：轻质、高强、隔声、透光、防火、可弯曲、安装方便；耐久性能好，保养简单，易于清洁，维护费用较低。

**3. 常用的塑料装饰板**

（1）硬质 PVC 装饰板：可分为波纹板、异型板和格子板；可用作护墙板和屋面板以及室内装饰板。

（2）塑料贴面板（防火板）：具有较高的耐热性、耐湿性，吸水率小，表面硬度较高，耐污染等特点，用途非常广泛，在建筑上常用作装饰层压板。

（3）塑料金属复合板

1）钢塑复合板：在建筑上的应用主要是加工成波编纹板，作为外墙围护墙板和屋面板，特别适用于工业建筑、仓库等大型建筑物。

2）铝塑复合板（铝塑板）：质量轻，坚固耐久，机械性能好，装饰性好，耐候性好；可锯、铆、刨（侧边）、钻、冷弯、冷折等，易加工、易组装、易维修、易保养等。

**4. 塑料地板**：具有质量轻、尺寸稳定、施工方便、经久耐用、脚感舒适、色泽艳丽美观、耐磨、耐油、耐腐蚀、防火、隔声及隔热等优点。

**5. 树脂印花胶合板**：其耐水防潮性、刚性、耐磨性能优良，比天然木地板具有更好的质感和外观，施工简单。

**6. 塑钢门窗型材**：可在 PVC 塑料中空异型材内安装金属衬筋，采用热焊接和机械连接制成塑钢门窗。塑钢门窗有良好的隔热性、气密性、耐候性、耐腐蚀性，有明显的节能效果，而且不必涂油漆，可加工性好。

巩固练习

1.【判断题】地面涂料应具有优良的耐磨性、耐碱性、耐水性和抗冲击性。（　　　）

2.【单选题】塑钢门窗是在 PVC 塑料中空异型材内安装金属衬筋，具有的性能不包括（　　　）。

A. 隔热性　　　　　　　　　　B. 气密性

C. 耐候性　　　　　　　　　　D. 耐火性

3.【多选题】建筑涂料种类繁多，按主要成膜物质的性质可分为（　　　）。

A. 有机涂料　　　　　　　　　B. 无机涂料

C. 有机—无机复合涂料　　　　D. 溶剂型涂料

E. 水溶性涂料

4.【多选题】属于塑料墙纸和墙布特点的是（　　　）。

A. 装饰效果好　　　　　　　　B. 性能优越

C. 适用于工业建筑　　　　　　D. 粘贴施工方便

E. 适合大规模生产

【答案】1. √；2. D；3. ABC；4. ABDE

# 第三章　装饰工程识图

## 第一节　施工图的基本知识

**考点 32：施工图基本知识★●**

教材点睛　教材 P53 ～ 72

**1. 房屋建筑施工图的组成及作用**

（1）建筑施工图的组成及作用：由建筑设计说明、建筑总平面图、平面图、立面图、剖面图及建筑详图等组成。平面图、立面图和剖面图简称"平、立、剖"，是建筑施工图中最重要、最基本的图样。

（2）结构施工图的组成及作用：由结构设计说明、结构平面布置图和结构详图三部分，是施工放线、开挖基坑（槽），施工承重构件（如梁、板、柱、墙、基础、楼梯等）的主要依据。

（3）设备施工图的组成及作用：分为水施图、暖施图、电施图；各专业图纸包括设计说明、设备的布置平面图、系统图等内容。主要表达房屋给水排水、供电照明、供暖通风、空调、燃气等设备的布置和施工要求等。

（4）装饰施工图的组成及作用：主要表达室内设施的平面布置，以及地面、墙面、顶棚的造型、细部构造、装饰材料与做法等内容，是用于指导装饰施工、造价管理、工程监理等工作的主要技术文件。

**2. 房屋建筑施工图的图示特点**

（1）施工图中的各图样用正投影法绘制。

（2）施工图一般都用较小比例绘制，其中节点、剖面等部位，采用较大比例绘制。

（3）房屋建筑的构配件和材料种类繁多，一般采用国家标准系列图例表示，以减少设计工作量。

（4）房屋建筑施工图与建筑装饰施工图的区别

1）装饰施工图可绘制透视图、轴测图等辅助表达。

2）装饰施工图受业主的影响大。

3）装饰施工图具有易识别性。

4）装饰施工图图例繁杂。

5）装饰施工图详图多，必要时应提供材料样板。

**3. 建筑装饰制图相关规定【P55～72】**

1.【判断题】建筑施工图一般包括建筑设计说明、建筑总平面图、平面图、立面图、剖面图及建筑详图等。 （　　）

2.【判断题】标注坡度时，在坡度数字下应加注坡度符号，坡度符号为单面双箭头，一般指向上坡方向。 （　　）

3.【判断题】建筑物一般以室外地坪作为装饰装修相对标高的零点。 （　　）

4.【判断题】详图符号中，上半圆中注明的是详图的编号，下半圆中注明的是被索引图纸的编号。 （　　）

5.【单选题】按照内容和作用不同，下列不属于房屋建筑施工图的是（　　）。

A. 建筑施工图 　　　　　　　　　B. 结构施工图

C. 设备施工图 　　　　　　　　　D. 系统施工图

6.【单选题】下列关于建筑施工图的作用的说法中，错误的是（　　）。

A. 建筑施工图是规划设计水、暖、电等专业总平面图及施工总平面图设计的依据

B. 建筑平面图主要用来表达房屋平面布置的情况，是备料、放线、砌墙、安装门窗及编制概预算的依据

C. 建造房屋时，建筑施工图主要作为定位放线、砌筑墙体、安装门窗、装修的依据

D. 建筑剖面图是施工、编制概预算及备料的重要依据

7.【单选题】下列关于结构施工图的作用的说法中，错误的是（　　）。

A. 结构施工图是施工放线、开挖基坑（槽），施工承重构件的主要依据

B. 结构立面布置图是表示房屋中各承重构件总体立面布置的图样

C. 结构设计说明是带全局性的文字说明

D. 结构详图一般包括梁、柱、板及基础结构详图，楼梯结构详图，屋架结构详图，其他详图

8.【单选题】下列选项中，不属于设备施工图的是（　　）。

A. 给水排水施工图 　　　　　　　B. 供暖通风与空调施工图

C. 设备详图 　　　　　　　　　　D. 电气设备施工图

9.【单选题】下列关于房屋建筑施工图的图示特点和制图有关规定的说法中，错误的是（　　）。

A. 施工图一般都用较小比例绘制，但对于需要表达清楚的节点可以选择用原尺寸的详图来绘制

B. 在图纸幅面允许时，最好将平面图、立面图、剖面图画在同一张图纸上，以便阅读

C. 构件代号以构件名称的汉语拼音的第一个字母表示，如 B 表示板，WB 表示屋面板

D. 普通砖使用的图例可以用来表示实心砖、多孔砖、砌块等砌体

10.【多选题】图样上的尺寸包括（　　）。

A. 尺寸界线 　　　　　　　　　　B. 尺寸线

C. 尺寸起止符号 　　　　　　　　D. 轮廓线

E. 尺寸数字

11.【多选题】细波浪线应用在（　　　）。

A. 不需要画全的断开界线
B. 运动轨迹线
C. 剖面图需要的辅助线
D. 构造层次的断开界线
E. 曲线形构件断开界线

12.【多选题】下列关于装饰图纸的描述正确的是（　　　）。

A. 详图与被索引的图样不在同一张图时，在详图符号的上半圆中注明详图编号，下半圆中注明被索引图纸编号
B. 施工图中剖视的剖切符号用粗实线表示，由剖切位置线和投射方向线组成
C. 标高一律以毫米为单位
D. 我国把渤海海平面作为零点所测定的高度尺寸称为绝对标高
E. 图样标注中，轮廓线可以作为尺寸界线来标注

【答案】1. √；2. ×；3. ×；4. √；5. D；6. A；7. B；8. C；9. A；10. ABCE；11. ADE；12. ABE

# 第二节　装饰施工图的图示方法及内容

### 考点 33：装修施工图图示方法及图示内容 ★ ●

教材点睛　教材 P73～80

**1. 装饰平面布置图**

（1）图示方法：装饰平面布置图是在略高于窗台的位置，将房屋整个剖开，向下所作的水平投影图；图中剖切到的构件用粗线绘制，看到的用细线绘制；图中门窗的平面形式按图例表示，注明设计编号；各种室内陈设品（如家具、厨具、洁具、家电、灯饰、绿化、装饰构件等）用图例表示。

（2）图示内容包括：图形部分（建筑主体结构；各功能空间内家具、家电平面形状和位置；厨房、卫生间内主要部件的形状和位置；隔断、绿化、装饰构件、装饰小品等的布置）；尺寸标注（建筑主体结构的开间和进深等尺寸、主要的装修尺寸）；装修要求等文字说明；装饰视图符号。

**2. 地面铺装图**

（1）图示方法：在装饰平面布置图的基础上，把地面装饰独立出来而绘制的图样。

（2）图示内容：地面的平面形状与尺寸及与结构的关系；按比例用细实线画出该形式的材料规格、铺装和构造分格线等，并标明其材料品种和工艺要求；标明地面的具体标高和收口索引。

**3. 顶棚平面图**

（1）图示方法：在装饰平面布置图的基础上，采用镜像投影法把顶棚装饰独立出

来而绘制的图样。

（2）图示内容：顶棚的装饰造型的平面形状、尺寸和标高，以及与结构的关系；文字说明；标明顶部灯具、空调口、消防等电器部件的种类、式样、规格、数量及布置形式和安装位置等。

**4. 装饰立面图**

（1）图示方法：主要反映墙柱面装饰装修情况。

（2）图示内容：墙柱面造型的轮廓线、壁灯、装饰件等；吊顶及吊顶以上的主体结构；墙柱面的饰面材料和涂料的名称、规格、颜色、工艺说明等；尺寸标注；详图索引、剖面、断面等符号标注；立面图两端墙柱体的定位轴线、编号。

**5. 装饰详图**

（1）按照隶属关系分为：功能房间大样图、装饰构配件详图、装饰节点详图等多个层次。

（2）按照详图的部位分为：地面构造装饰详图；墙面构造装饰详图；隔断装饰详图；吊顶装饰详图；门、窗装饰构造详图；按需要绘制的其他详图。

# 第三节 装饰施工图的绘制与识读

**考点 34：装饰施工图绘制的步骤与方法 ●**

**1. 装饰平面布置图的绘制**

（1）绘制步骤：选比例、定图幅→画出建筑主体结构→画出家具、厨房设备、卫生间洁具、电气设备、隔断、装饰构件等的布置→标注尺寸、剖面符号、详图索引符号、图例名称、文字说明等→画出地面的拼花造型图案、绿化等→描粗、整理图线。

（2）绘制要点：墙、柱用粗实线绘制；门窗、楼梯、装饰轮廓线等用中实线绘制；地面拼花等次要轮廓线用细实线绘制。

**2. 地面铺装图的绘制**

（1）绘制步骤：选比例、定图幅→画出建筑主体结构→地面材料拼装分格线→标注尺寸、剖面符号、详图索引符号、图例名称、文字说明等→描粗、整理图线。

（2）绘制要点：墙、柱用粗实线绘制；门窗、楼梯、装饰轮廓线等用中实线绘制；地面拼花分割线等用细实线绘制。

**3. 顶棚平面图的绘制**

（1）绘制步骤：选比例、定图幅→画出建筑主体结构→画出顶棚的造型、灯饰及各种设施的轮廓线→标注尺寸、剖面符号、详图索引符号、图例名称、文字说明等→描粗、整理图线。

（2）绘制要点：门窗洞不画或用虚线表示位置；顶棚的藻井、灯饰等主要造型轮廓线用中实线绘制；顶棚的装饰线、面板的拼装分格等次要的轮廓线用细实线绘制。

**4. 装饰立面图的绘制**

（1）绘制步骤：选比例、定图幅→画出墙面的主要造型轮廓线→画出墙面的次要轮廓线→标注尺寸、剖面符号、详图索引符号、图例名称、文字说明等→描粗、整理图线。

（2）绘制要点：建筑结构梁、板、墙用粗实线绘制；墙面主要造型轮廓线用中实线绘制；次要的轮廓线用细实线绘制。

**5. 装饰详图的绘制**

（1）绘制步骤：选比例、定图幅→画出精品柜结构的主要轮廓线→画出精品柜结构的次要轮廓线→标注尺寸、文字说明等→描粗、整理图线。

（2）绘制要点：建筑结构墙、梁、板等用粗实线绘制；主要造型轮廓线用中实线绘制，次要轮廓线用细实线绘制。

**考点 35：装饰施工图识读的步骤与方法 ★**

**1. 装饰施工图识读的一般步骤与方法**

（1）装饰施工图识读方法：总揽全局；循序渐进；相互对照；重点细读。

（2）装饰施工图识读步骤：阅读图纸目录→阅读施工工艺说明→通读图纸→精读图纸。

**2. 各图样识读的具体方法和步骤**

（1）装饰平面布置图识读

1）识读步骤：看图名、比例、标题栏→建筑平面基本结构及其尺寸→装饰结构和装饰设置等→文字说明、内视符号、剖切符号、索引符号等。

2）识读要点：了解各房间和其他空间主要功能的，明确设备与设施的种类、规格和数量；了解各装饰面对材料规格、品种、色彩和工艺的要求，明确各装饰面的结构材料与饰面材料的衔接关系与固定方式；并注意区分定位尺寸、外形尺寸和结构尺寸。

（2）地面铺装图识读：① 看大面材料；② 看工艺做法；③ 看质地、图案、花纹、色彩、标高；④ 看造型及起始位置，确定定位放线的可能性，实际操作的可能性。

（3）顶棚平面图识读：看清顶棚平面图与平面布置图各部分的对应关系，对于有跌级变化的顶棚，要看清标高和尺寸，结合造型平面分区，建立三维空间的尺度概念；了解顶部灯具和设备设施的规格、品种与数量；了解顶棚所用材料的规格、品种及其施工要求。

教材点睛 教材 P82～84（续）

（4）装饰立面图识读：根据图中不同线型的含义及各部分尺寸和标高，分清立面上各种装饰造型的凹凸起伏变化和转折关系，分清每个立面上有几种不同的装饰面，以及这些装饰面所选用的材料与施工工艺要求。

（5）装饰详图的识读：① 看图名和比例；② 看详图的出处；③ 看详图的系统组成；④ 看构造做法、构造层次、构造说明及构造尺度。

## 巩固练习

1.【判断题】装饰施工图绘制总平面布置图常用比例为 1：200～1：100。（　　）

2.【判断题】装饰平面布置图的平面形式主要用图例表示。（　　）

3.【判断题】建筑主体结构（如墙、柱、门、窗等）的平面图，比例为 1：50 或大于 1：50 时，应用细实线画出墙身饰面材料轮廓线。（　　）

4.【判断题】装饰立面图的最外轮廓线用细实线表示。（　　）

5.【单选题】下列关于常用家具图例对应错误的是（　　）。

A. 单人沙发　　　　　　　　　　　B. 躺椅

C. 办公桌　　　　　　　　　　　　D. 衣柜

6.【单选题】下列关于常用灯光照明图例对应错误的是（　　）。

A. 吸顶灯　　　　　　　　　　　　B. 射灯

C. 台灯　　　　　　　　　　　　　D. 壁灯

7.【单选题】房屋建筑室内装饰装修构造详图中的一般轮廓线选用线型为（　　）。

A. 粗实线　　　　　　　　　　　　B. 中实线

C. 细实线　　　　　　　　　　　　D. 中虚线

8.【单选题】顶棚平面图也称天花板平面图，是采用（　　）而成。

A. 水平投影法　　　　　　　　　　B. 垂直投影法

C. 镜像投影法　　　　　　　　　　D. 剖面投影法

9.【单选题】室内装饰立面图按照（　　）法绘制。

A. 正投影　　　　　　　　　　　　B. 斜投影

C. 俯视　　　　　　　　　　　　　D. 镜像投影

10.【单选题】识读装饰施工图的一般顺序正确的是（　　）。

A. 阅读图纸目录→阅读装饰装修施工工艺说明→通读图纸→精读图纸

B. 阅读装饰装修施工工艺说明→阅读图纸目录→通读图纸→精读图纸

C. 通读图纸→阅读图纸目录→阅读装饰装修施工工艺说明→精读图纸

D. 阅读图纸目录→通读图纸→阅读装饰装修施工工艺说明→精读图纸

11.【单选题】根据投影关系、构造特点和图纸顺序，（　　）反复阅读。

A. 总揽全局                    B. 循序渐进
C. 相互对照                    D. 重点细读

12.【多选题】下列建筑装饰施工图中被称为基本图的有（      ）。

A. 装饰装修施工工艺说明        B. 装饰平面布置图

C. 楼地面装修平面图            D. 顶棚平面图

E. 节点详图

13.【多选题】下列关于建筑装饰图的编排顺序原则描述中，正确的是（      ）。

A. 表现性图样在前，技术性图样在后

B. 装饰施工图在前，配套设备施工图在后

C. 基本图在前，详图在后

D. 先施工的在前，后施工的在后

E. 成品施工图在前，半成品施工图在后

14.【多选题】下列说法中属于地面铺装图示内容的是（      ）。

A. 建筑平面基本结构和尺寸      B. 地面绿化形式和位置

C. 室内外地面的平面形状和位置  D. 装饰结构与地面布置的尺寸标注

E. 必要的文字说明

15.【多选题】（      ）属于按照详图的部位分类的装饰详图。

A. 地面构造装饰详图            B. 断面装饰详图

C. 节点详图                    D. 墙面构造装饰详图

E. 顶棚装饰详图

【答案】1. √；2. √；3. √；4. ×；5. B；6. C；7. B；8. C；9. A；10. A；11. B；12. AB；
13. ABCD；14. ACDE；15. ABDE

# 第四章　建筑装饰施工技术

## 第一节　抹　灰　工　程

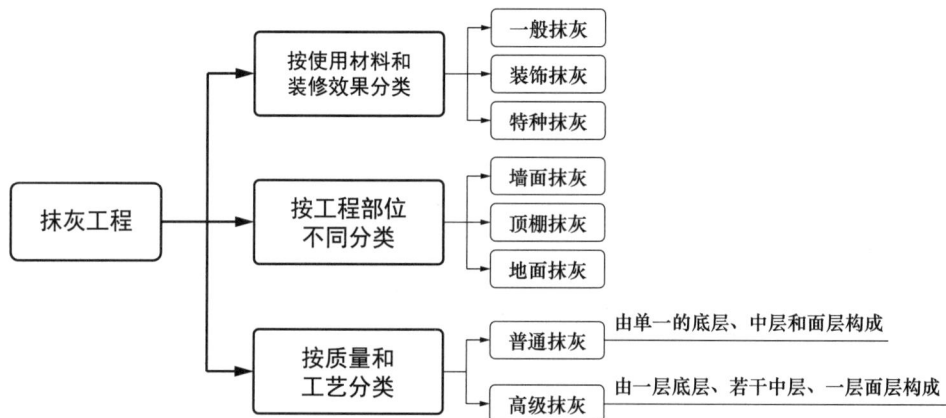

```
                          ┌─────────┐
                     ┌───→│ 一般抹灰 │
        ┌──────────┐ │    └─────────┘
        │按使用材料和│ │    ┌─────────┐
   ┌───→│装修效果分类│─┼───→│ 装饰抹灰 │
   │    └──────────┘ │    └─────────┘
   │                  │    ┌─────────┐
   │                  └───→│ 特种抹灰 │
   │                       └─────────┘
   │                       ┌─────────┐
┌──────┐                ┌───→│ 墙面抹灰 │
│      │    ┌──────────┐ │    └─────────┘
│抹灰工程│──→│按工程部位│ │    ┌─────────┐
│      │    │ 不同分类 │─┼───→│ 顶棚抹灰 │
└──────┘    └──────────┘ │    └─────────┘
   │                       │    ┌─────────┐
   │                       └───→│ 地面抹灰 │
   │                            └─────────┘
   │    ┌──────────┐      ┌─────────┐
   │    │按质量和  │  ┌───→│ 普通抹灰 │──── 由单一的底层、中层和面层构成
   └───→│ 工艺分类 │──┤    └─────────┘
        └──────────┘  │    ┌─────────┐
                      └───→│ 高级抹灰 │──── 由一层底层、若干中层、一层面层构成
                           └─────────┘
```

**考点 36：内墙抹灰施工 ★**

> **教材点睛** 教材 P85 ～ 86

**1. 施工工艺流程**

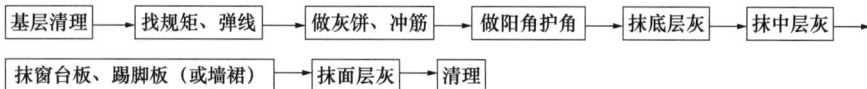

```
┌──────┐   ┌──────────┐   ┌──────────┐   ┌──────────┐   ┌──────┐   ┌──────┐
│基层清理│→ │找规矩、弹线│→ │做灰饼、冲筋│→ │做阳角护角 │→ │抹底层灰│→ │抹中层灰│→
└──────┘   └──────────┘   └──────────┘   └──────────┘   └──────┘   └──────┘

┌──────────────────┐   ┌──────┐   ┌────┐
│抹窗台板、踢脚板(或墙裙)│→ │抹面层灰│→ │清理│
└──────────────────┘   └──────┘   └────┘
```

**2. 施工要点**

（1）基层清理：清扫墙面上浮灰污物，检查门窗洞口位置尺寸，打凿补平墙面，浇水润湿基层。

（2）找规矩、弹线：四角规方、横线找平、立线吊直、弹出准线、墙裙线、踢脚线。

（3）做灰饼、冲筋：用与抹灰材料相同的砂浆做灰饼和冲筋，控制抹灰层厚度和平整度。

（4）做阳角护角：采用 1∶2 水泥砂浆做暗护角，高度不小于 2m，每侧宽度不小于 50mm。

（5）抹底层灰：基层为混凝土时，抹灰前应刮素水泥浆一道；加气混凝土或粉煤灰砌块基层抹石灰砂浆时，应先刷一道 108 胶溶液；抹混合砂浆时，应刷一道 108 胶水泥浆。

（6）抹中层灰：中层灰应在底层灰干至 6～7 成后进行。

（7）抹窗台板、踢脚线（或墙裙）：应以 1:3 水泥砂浆抹底层，表面划毛，隔 1d 后，用素水泥浆刷一道，再用 1:2.5 水泥砂浆抹面。

（8）抹面层灰：操作应从阴角开始，阴阳角处用阴阳角抹子抿光，用毛刷蘸水将门窗圆角等处清理干净。

（9）清理：抹面层灰完工后，用 0 号砂纸将墙面浮灰污物磨平，注意抹灰层的成品保护。

## 考点 37：外墙抹灰施工 ★

**1. 施工工艺流程**

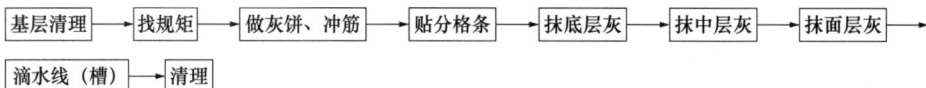

基层清理 → 找规矩 → 做灰饼、冲筋 → 贴分格条 → 抹底层灰 → 抹中层灰 → 抹面层灰 →

滴水线（槽） → 清理

**2. 施工要点**

（1）基层清理：清扫墙面上浮灰污物，打凿补平墙面，浇水润湿基层。

（2）找规矩：在外墙四个大角挂垂直通线，决定抹灰厚度。

（3）在每步架大角两侧弹上垂直控制线，再弹水平线做灰饼；竖向每步架都做一个灰饼，再做冲筋。

（4）贴分格条：为避免罩面砂浆收缩后产生裂缝，一般均需设分格线，粘贴分格条。粘贴分格条是在底层灰抹完之后进行（底层灰用刮尺赶平）。按已弹好的水平线和分格尺寸弹好分格线，水平分格条一般贴在水平线下边，竖向分格条贴于垂直线的左侧。分格条使用前要用水浸透，以防止使用时变形。粘贴时，分格条两侧用抹成八字形的水泥砂浆固定。

（5）抹灰（底层灰、中层灰、面层灰），与内墙抹灰要求相同。

（6）滴水线（槽）。外墙抹灰时，在外窗台板、窗楣、雨篷、阳台、压顶及凸出腰线等部位的上面必须做出流水坡度，下面应做滴水线或滴水槽。

（7）清理。与内墙抹灰要求相同。

巩固练习

1.【判断题】底层灰应略低于标筋，约为标筋厚度的 2/3，由上往下抹。　　（　　）

2.【判断题】为避免罩面砂浆收缩后产生裂缝，一般均需设分格线，粘贴分格条。

（　　）

3.【单选题】标准灰饼的大小为（　　）mm 见方。

A. 20

B. 50

C. 100

D. 200

4.【单选题】外墙抹灰分格条使用前要用（　　），以防止使用时变形。

A. 胶涂满

B. 截断

C. 水浸透

D. 水泥砂浆固定

5.【多选题】下列属于抹面层灰的是（　　）。

A. 纸筋石灰面层

B. 麻刀石灰面层

C. 石灰砂浆面层

D. 108 胶水泥浆面层

E. 素水泥浆面层

【答案】1. √；2. √；3. B；4. C；5. ABC

# 第二节　门　窗　工　程

**考点 38：木门窗制作、安装施工工艺★●**

| 教材点睛 | 教材 P87～91 |

## 1. 木门窗制作工艺

（1）制作工艺流程

配料、截料、刨料 → 门窗框、扇画线 → 凿眼 → 拉肩、开榫 → 裁口，起线 → 门窗拼装

（2）制作要点

1）配料、截料、刨料：易选用马尾松、木麻黄、桦木、杨木等；配套下料，不得大材小用、长材短用；整个构件应作防腐、防虫药剂处理。

2）门窗框、扇画线：画线时要选光面作为表面，画出的榫、眼、厚、薄、宽、窄尺寸必须一致；先画外皮横线，再画分格线，最后画顺线，同时用方尺画两端头线、冒头线、榥子线等；门窗框的宽度超过 120mm 时，背面应推凹槽，以防卷曲。

3）凿眼：凿刀应和眼的宽窄一致，凿出的眼，顺木纹两侧要直，不得错岔；凿通眼先凿背面，后凿正面；凿眼的一边线要凿半线、留半线。手工凿眼时，眼内上下端中部宜稍微凸出些，半眼深度应一致，并比半榫深 2mm。

4）拉肩、开榫：要留半个墨线，拉出的肩和榫要平、正、直、方、光，不得变形；与眼的宽、窄、厚、薄一致；半榫的长度要比眼的深度短 2mm；拉肩不得伤榫。

5）裁口、起线：刨底应平直，刨刃盖要严密，刨口不宜过大，刨刃要锋利；起线刨使用时应加导板，操作时应一次推完线条；裁口、起线必须方正、平直、光滑，线条清秀，深浅一致，不得饯槎、起刺或凸凹不平。

6）门窗拼装：拼装时用木楞垫平部件，榫眼对正，用斧轻轻敲击打入；所有榫头

均须加楔；紧榫时应用木垫板，注意随紧随找平、随规方；窗扇拼装完毕，构件的裁口应在同一平面上；门窗框靠墙面应刷防腐涂料；拼装好的成品，应在明显处编写号码，用楞木四角垫起，离地20～30cm，水平放置，并加以覆盖。

**2. 木门窗安装施工工艺**

（1）安装工艺流程

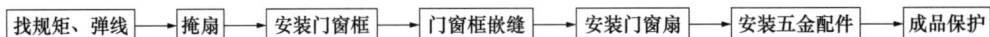

找规矩、弹线 → 掩扇 → 安装门窗框 → 门窗框嵌缝 → 安装门窗扇 → 安装五金配件 → 成品保护

（2）安装要点

1）找规矩、弹线：弹放垂直控制线→弹放水平控制线→弹墙厚度方向的位置线。

2）掩扇：大面积安装前应先做掩扇样板，确定掩扇工艺及各部尺寸、五金位置等。

3）安装门窗框：门窗框安装应在地面和墙面抹灰施工前完成；根据门窗的规格，按规范要求，确定固定点数量；用木砖固定框时，在每块木砖处应用2颗砸扁钉帽的100mm长钉子钉进木砖内；门窗洞口为混凝土结构且又无木砖时，宜采用30mm宽、80mm长、1.5～2mm厚直铁脚做固定条。

4）门窗框嵌缝：内门窗采用与墙面抹灰相同的砂浆塞实缝隙，外门窗采用保温砂浆或发泡胶填缝。

5）安装门窗扇：按设计确定门窗扇的开启方向、五金配件型号和安装位置；安装对开扇时，应保证两扇宽度尺寸、对口缝的裁口深度一致；企口门扇对口缝的裁口深度及裁口方向应满足配件安装要求。

6）安装五金配件：安装合页应将三齿片固定在框上，标牌统一向上；门锁、碰珠、拉手等距地高950～1000mm，插销应在拉手下面；安装门窗扇时，应注意玻璃裁口方向；门开启容易碰墙时，应安装定位器；窗扇风钩安装时应使窗开启后呈90°。

7）成品保护

①安装前应对墙面、地面及其他成品采取保护措施。

②门窗框、扇修刨时，应采用木卡具将其垫起卡牢，以免损坏门窗边。

③门窗框、扇安装时应轻拿轻放，整修时严禁生搬硬撬，防止损坏成品，破坏框、扇面及五金件；并采取必要的防水、防潮措施。

④门窗安装后，应派专人负责成品保护管理。

⑤成品保护措施：木门窗采用铁皮或细木工板做护套进行保护，其高度应大于1m；五金配件应采用柔性保护材料包裹保护；冬季安装木门窗时，应及时刷底油并保持室内通风。

巩固练习

1.【判断题】木门窗框、扇画线时要选光面作为表面，有缺陷的放在背后。（    ）

2. 【判断题】内门窗框嵌缝采用保温砂浆或发泡胶填缝，外门窗框嵌缝采用与墙面抹灰相同的砂浆塞实缝隙。　　　　　　　　　　　　　　　　　　（　　　）

3. 【单选题】门窗框的宽度超过（　　　）时，背面应推凹槽，以防卷曲。

A. 100mm
B. 120mm
C. 90mm
D. 60mm

4. 【单选题】木门窗大面积安装前应先做掩扇样板，确定掩扇工艺及各部尺寸、（　　　）位置等。

A. 门窗洞口
B. 五金
C. 窗框
D. 玻璃

5. 【单选题】木门窗安装五金配件做法错误的是（　　　）。

A. 安装合页将三齿片固定在框上，标牌统一向上
B. 门锁、碰珠、拉手等距地高 950～1000mm
C. 插销应在拉手下面
D. 窗扇风钩安装时应使窗开启后呈 180°

6. 【单选题】木门窗安装施工工艺流程为（　　　）。

A. 找规矩、弹线→安装门窗框→安装门窗扇→掩扇→门窗框嵌缝→安装五金配件→成品保护
B. 找规矩、弹线→安装门窗框→门窗框嵌缝→安装门窗扇→掩扇→安装五金配件→成品保护
C. 找规矩、弹线→掩扇→安装门窗框→安装门窗扇→门窗框嵌缝→安装五金配件→成品保护
D. 找规矩、弹线→掩扇→安装门窗框→门窗框嵌缝→安装门窗扇→安装五金配件→成品保护

7. 【多选题】下列关于木门窗凿眼制作要点中，错误的是（　　　）。

A. 凿通眼时，先凿正面，后凿背面
B. 凿眼的凿刀应和眼的宽窄一致，凿出的眼，顺木纹两侧要直，不得错岔
C. 凿眼时，眼的一边先要凿半线、留半线
D. 手工凿眼时，眼内上下端中部宜稍微凸出些，以便拼装时加楔打紧，半眼深度与半榫深度应一致
E. 成批生产时，要经常核对，检查眼的位置尺寸，以免发生误差

8. 【多选题】木门窗制作时确定宽度和厚度的加工余量，一面刨光者留（　　　）mm，两面刨光者留（　　　）mm。

A. 3
B. 4
C. 5
D. 6
E. 7

9. 【多选题】下列有关安装木门窗扇施工要点中，正确的是（　　　）。

A. 按设计确定门窗扇的开启方向、五金配件型号和安装位置
B. 检查门窗框与扇的尺寸是否符合，框口边角是否方正，有无窜角
C. 第一次修刨后的门窗扇，使框与扇表面平整、缝隙尺寸符合后，再开铰链槽

D. 门窗扇经过第二次修刨后，以刚刚能塞入框口内为宜，塞入后用木楔临时固定

E. 安装对开扇时，应保证两扇宽度尺寸、对口缝的裁口深度一致

【答案】1. √；2. ×；3. B；4. B；5. D；6. D；7. AD；8. AC；9. ABE

## 考点 39：铝合金门窗制作、安装施工工艺★

教材点睛 | 教材 P91 ～ 93

### 1. 制作工艺

（1）制作工艺流程

下料 → 机加工 → 组装 → 成品检验 → 成品入库

（2）制作要点

1）制作准备：① 检查型材形状、尺寸及壁厚是否符合设计和使用要求；② 检验所用材料和附件是否符合现行国家标准或行业标准；③ 认真复核门窗洞口的实际尺寸，确认加工尺寸；④ 检查施工工具、机具。

2）下料：材料长度应根据设计要求并参考门窗施工大样图来确定，要求切割准确。

3）机加工：孔的加工方法可采用钻孔，也可采用冲孔。槽、豁、榫加工可采取铣加工成型，也可采取冲切成型。杆件在加工过程中及堆放时，每层均应用垫条隔断，垫条应上下要对齐，间距不小于1mm。

4）组装：组装方式有45°角对接、直角对接和垂直对接三种。

5）成品检验：外观检验要求门窗表面应光洁，无气泡和裂纹，颜色均匀；尺寸检验时严格控制门窗质量在国家行业标准规定的允许偏差内；五金配件安装位置正确、数量齐全、安装牢固。

6）保护或包装：可用塑料胶纸、塑料薄膜等无腐蚀性的软质材料将所有表面严密包裹。

### 2. 安装工艺

（1）安装工艺流程

放线 → 安框 → 填缝、抹面 → 门窗扇安装 → 安装五金配件

（2）安装要点

1）铝合金门窗安装必须先预留洞口，严禁采取边安装边砌墙体或先安装后砌墙体的施工方法。

2）放线：按设计要求在门窗洞口弹出门窗位置线，并注意同一立面的窗在水平及垂直方向应做到整齐一致；地弹簧的表面应与室内地面标高一致。

3）安框：门窗框固定可采用焊接、膨胀螺栓或射钉等方式，但砖墙严禁用射钉固定。

4）填缝、抹面：铝合金门窗框在填缝前经过平整、垂直度等的安装质量复查后，再将框四周清扫干净、洒水湿润基层。填缝所用的材料原则上按设计要求选用，应达到密闭、防水的目的。

5）门窗扇安装：应在室内外装饰基本完成后进行。

6）五金件装配的原则：有足够的强度，位置正确，既满足各项功能又要便于更换。

**考点40：塑钢彩板门窗制作、安装施工工艺 ●**

**1. 制作工艺**

（1）制作工艺流程

门窗选型 → 下料 → 打水槽V口 → 装钢衬 → 焊接 → 清角 → 装密闭条 → 装配玻璃、五金件 →

检验 → 包装 → 成品入库

（2）制作要点

1）门窗选型：根据设计图纸确定门窗类型和数量，结合风压值、层高等因素确定型材及钢衬厚度。

2）下料：选定玻璃、五金件、钢材、胶条、毛条等辅助配件，编制下料工艺清单，进行下料设计。

3）型材切割、铣排水孔、锁孔：主型材下料一般采用双斜锯下料。如果安装传动器和上门窗，要铣锁孔。

4）增强型钢的装配：当门窗构件尺寸大于或等于规定的长度时，其内腔必须加强型钢的装配。

5）焊接：焊接温度240～250℃，熔融时间20～30s，冷却时间25～30s。

6）清角、装胶条：焊接完成冷却30min后可开始清角。框、扇胶条的上梃胶条长度应长1%左右。

7）五金件的装配：五金件要有足够的强度，装配位置正确，满足各项功能以及便于更换。

8）玻璃安装：先放入玻璃垫块，将切割好的玻璃放在垫块上，然后通过玻璃压条将玻璃固定夹紧。

9）成品质量检验：包括外观检验和外观尺寸检验；连续生产过程中应定期测试焊角强度；同时定期对成品进行力学和物理性能检验。

**2. 安装工艺**

（1）安装工艺流程

画线定位 → 塑钢门窗披水安装 → 防腐处理 → 塑钢门窗安装 → 嵌门窗四缝 →

门窗扇及玻璃的安装 → 安装五金配件

（2）安装要点

1）画线定位：门窗下口安装标高以楼层室内＋50cm的水平线为准，弹线找平；每一层必须保持窗下皮标高一致。多层或高层建筑外窗，还应以顶层门窗边线为准，弹线控制垂直方向的位置。

2）防腐处理：塑钢门窗框及固定配件与水泥砂浆或混凝土接触部分均须采用防腐处理。

3）与墙体间缝隙的处理：采用矿棉或玻璃棉毡条分层填塞缝隙，或填嵌水泥砂浆或细石混凝土。

4）安装五金配件：五金配件与门框连接须用镀锌螺钉。安装的五金配件应结实牢固，使用灵活。

## 考点 41：玻璃地弹簧门安装施工工艺

教材点睛 教材 P95 ～ 96

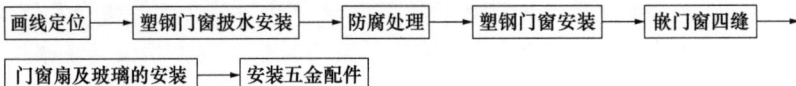

### 1. 安装工艺流程

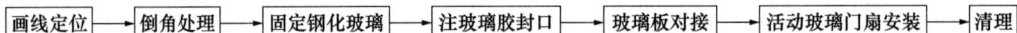

画线定位 → 倒角处理 → 固定钢化玻璃 → 注玻璃胶封口 → 玻璃板对接 → 活动玻璃门扇安装 → 清理

### 2. 安装要点

（1）画线定位：根据设计图纸中门的安装位置、尺寸和标高，依据门中线向两边量出门边线。多层或高层建筑外窗，还应以顶层门窗边线为准，弹线控制垂直方向的位置。

（2）倒角处理：用玻璃磨边机对玻璃边缘进行打磨。

（3）固定钢化玻璃：用玻璃吸盘器进行安装。

（4）注玻璃胶封口：应从缝隙的端头开始，随着玻璃胶的挤出，匀速移动注口，使玻璃胶在缝隙处形成一条表面均匀的直线，最后用塑料片刮去多余的玻璃胶，并用干净布擦去胶迹。

（5）玻璃板之间的对接：对接缝应留2～3mm的距离，玻璃边须倒角。

（6）活动玻璃门扇安装

1）用锤线方法校正地弹簧转轴与定位销的中心线是否在一条垂直线上。

2）在门扇的上下横档内画线，并按线固定转动销的销孔板和地弹簧的转动轴连接板。

3）钢化玻璃的裁切尺寸应小于测量尺寸5mm左右，并做好倒角处理，打好安装门把手的孔洞。

教材点睛 教材 P95 ～ 96（续）

4）把上下横档分别装在玻璃地弹门扇上下边，并进行门扇高度的测量。

5）定好高度后，在钢化玻璃与横档之间的缝隙中注入玻璃胶进行固定。

6）门扇定位安装：门扇下横档内的转动销连接件的孔位必须对准并套入地弹簧的转动销轴上，门框横梁上定位销必须插入门扇上横档内的转动销连接件孔内15mm左右。

7）安装玻璃门拉手应注意：拉手的连接部位插入玻璃门拉手孔时不能很紧，应略有松动。

## 巩固练习

1.【判断题】铝合金门窗加工前，应对所用材料和附件进行检验，其材质应符合现行国家标准或行业标准，所选用的型材形状、尺寸及壁厚应符合设计和使用要求。
（    ）

2.【判断题】铝合金门窗下料时，推拉门窗宜采用45°角切割。（    ）

3.【判断题】铝合金门窗加工时，应采用钻孔，严禁采用冲孔。（    ）

4.【判断题】门窗固定中除混凝土外，均可使用射钉固定门窗框。（    ）

5.【判断题】铝合金门窗装入洞口应横平竖直，外框与洞口应刚性连接牢固。
（    ）

6.【判断题】当塑钢彩板门窗构件尺寸大于或等于规定的长度时，其内腔必须加强型钢的装配。（    ）

7.【判断题】塑钢门窗应存放在专用的仓库内，不宜露天存放。（    ）

8.【单选题】门窗框料有顺弯时，其弯度一般不应超过（    ）mm。

A. 1                               B. 2

C. 3                               D. 4

9.【单选题】窗扇安装风钩时，风钩应装在窗框下冒头与窗扇下冒头夹角外，使窗开启后呈（    ）。

A. 30°                            B. 45°

C. 60°                            D. 90°

10.【单选题】铝合金门窗制作前，应根据土建施工图核实洞口的实际尺寸与设计要求是否相符，若有出入，应会同（    ）共同处理。

A. 设计部门                      B. 质量部门

C. 安装部门                      D. 土建部门

11.【单选题】铝合金门窗下料尺寸误差应控制在（    ）mm 范围内。

A. 2                               B. 3

C. 4                               D. 5

12.【单选题】铝合金门窗安装工艺流程为（    ）。

A. 放线→安框→填缝、抹面→门窗扇安装→安装五金配件

B. 放线→安框→门窗扇安装→填缝、抹面→安装五金配件

C. 放线→安框→门窗扇安装→安装五金配件→填缝、抹面

D. 放线→安框→安装五金配件→填缝、抹面→门窗扇安装

13.【单选题】塑钢彩板门窗五金件要有足够的（　　），装配位置正确，满足各项功能要求并且便于更换。

A. 刚度 　　　　　　　　　　　B. 韧性

C. 强度 　　　　　　　　　　　D. 硬度

14.【单选题】玻璃地弹簧门安装工艺流程为（　　）。

A. 画线定位→倒角处理→固定钢化玻璃→注玻璃胶封口→玻璃板对接→活动玻璃门扇安装→清理

B. 画线定位→固定钢化玻璃→注玻璃胶封口→倒角处理→活动玻璃门扇安装→玻璃板对接→清理

C. 画线定位→倒角处理→固定钢化玻璃→注玻璃胶封口→活动玻璃门扇安装→玻璃板对接→清理

D. 画线定位→固定钢化玻璃→注玻璃胶封口→倒角处理→玻璃板对接→活动玻璃门扇安装→清理

15.【多选题】下列关于门窗五金件装配原则的说法，正确的是（　　）。

A. 要有足够的强度 　　　　　　B. 位置正确

C. 满足各项功能 　　　　　　　D. 便于更换

E. 安装位置必须严格按照设计要求执行

16.【多选题】下列关于门窗扇及玻璃的安装要点中，错误的是（　　）。

A. 门窗扇及玻璃应在洞口墙体表面装饰完成后安装

B. 推拉门窗：在门窗框安装固定后，将配好玻璃的门窗扇整体安入框内滑道后再安玻璃

C. 平开门窗：在框与扇格架组装上墙、安装固定好后再安玻璃

D. 地弹簧门：应在门框及地弹簧主机入地安装固定后再安门窗

E. 平开门窗：在调整好框与扇的缝隙后再安玻璃

17.【多选题】塑钢彩板窗下口的水平位置以楼层室内（　　）cm 的水平线为准向（　　）反量测定，弹线找直。

A. ＋50 　　　　　　　　　　　B. ＋100

C. ＋150 　　　　　　　　　　　D. 下

E. 上

18.【多选题】下列关于安装玻璃门拉手应注意事项的说法中，表述正确的是（　　）。

A. 拉手的连接部位插入玻璃门拉手孔时不能很紧，应略有松动

B. 如果过松，可以在插入部分涂少许玻璃胶

C. 安装前在拉手插入玻璃的部分裹上软质胶带

D. 拉手组装时，其根部与玻璃贴靠紧密后，再上紧固定螺栓

E. 其根部与玻璃贴靠紧密后，再上紧固定螺栓，是为了保证拉手没有丝毫松动现象

19.【多选题】下列关于铝合金门窗的制作，正确的是（　　）。

A. 选用的附件，除不锈钢外，应做防腐处理

B. 平开门窗下料宜采用直角切割方式

C. 孔的加工方式必须采用钻孔，严禁采用冲孔

D. 组装完毕后，应进行外观检验

E. 组装方式有 45°角对接、直角对接和垂直对接三种

【答案】1. √；2. ×；3. ×；4. ×；5. ×；6. √；7. √；8. D；9. D；10. D；11. A；12. A；13. C；14. A；15. ABCD；16. BE；17. AE；18. ADE；19. ADE

# 第三节　楼地面工程

### 考点 42：整体楼地面施工工艺 ★ ●

教材点睛　教材 P97～99

**1. 水泥砂浆地面施工工艺**

（1）特点：造价较低、施工简便、使用耐久，但容易出现起灰、起砂、裂缝、空鼓等质量问题。

（2）常用的材料：强度等级不小于 42.5 级的通用硅酸盐水泥；中粗砂（含泥量不大于 3%）。

（3）施工工艺流程

基层处理 → 弹线、找规矩 → 铺设水泥砂浆面层 → 养护

（4）施工要点

1）基层处理：基层表面抗压强度应达到 1.2MPa；比较光滑的基层应进行凿毛，并用清水冲洗干净。

2）弹线、找规矩：以设计地面标高为依据，在四周墙上弹出 500mm 或 1000mm 作为水平基准线。

3）根据水平线在地面四周做灰饼，并按纵横标筋间距 1500～2000mm 做好地面标筋。有坡度要求的地面，要找好坡度；有地漏的房间，要在地漏四周做出坡度不小于 5% 的泛水。

4）铺设水泥砂浆面层：铺抹前，先浇水湿润基层，再刷一道素水泥浆结合层，接着铺设水泥砂浆层，随打随抹。面层与基层结合要牢固，无空鼓、裂纹、脱皮、麻面、起砂等缺陷，表面不得有泛水和积水。

5）养护：面层施工完毕后，要及时进行浇水养护，养护时间不少于 7d，强度等级应不小于 15MPa。

**2. 现浇水磨石地面施工工艺**

（1）材料：石粒应洁净、无杂物，一般粒径为 6～15mm；水泥采用强度等级不小

于 42.5 级的通用硅酸盐水泥；耐碱、耐光、耐潮湿的矿物颜料。分格嵌条主要选用黄铜条、铝条、玻璃条和不锈钢条等；抛光材料一般为草酸（无色透明晶体，分块状和粉末状）、氧化铝（白色粉末状）、地板蜡等。

（2）施工工艺流程

基层处理（抹找平层）→ 弹线、找规矩 → 设置分隔缝、分隔条 → 铺抹面层石粒浆 → 养护 →

磨光 → 涂刷草酸出光 → 打蜡抛光

## 考点 43：板块楼地面施工工艺 ★ ●

**1. 陶瓷地砖楼地面施工工艺**

（1）施工工艺流程

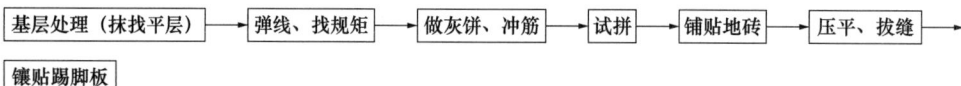

基层处理（抹找平层）→ 弹线、找规矩 → 做灰饼、冲筋 → 试拼 → 铺贴地砖 → 压平、拔缝 →

镶贴踢脚板

（2）施工要点

1）试拼：根据分格线确定地砖的铺贴顺序和标准块的位置，进行试拼，检查图案、颜色及纹理的方向及效果。试拼后按顺序排列、编号，浸水备用。

2）湿贴法：采用 1:2 水泥砂浆铺贴，主要适用于 400mm×400mm 以下规格的地砖铺设。

3）干贴法：采用 1:3 的干硬性水泥砂浆铺贴，主要适用于 500mm×500mm 以上规格的地砖铺设。

4）压平、拔缝：镶贴时，要使用水平尺随时检查铺设地砖的平整度，同时拉线检查缝格的平直度，并用橡皮锤拍实，使纵横线之间的宽窄一致、笔直通顺，板面平整一致。

5）镶贴踢脚板：待地砖完全凝固硬化后，可进行踢脚板安装。踢脚板一般采用与地面块材同品种、同颜色的材料。踢脚板的立缝应与地面缝对齐，厚度和高度应符合设计要求。

6）养护：铺完砖 24h 后洒水养护，时间不少于 7d。

**2. 石材地面铺设施工工艺**

（1）施工工艺流程

基层处理 → 弹线、找规矩 → 做灰饼、冲筋 → 选板试拼 → 铺板 → 抹缝 → 打蜡 → 养护

（2）施工要点

1）通过选板试拼，对石材进行编号。按编号顺序在石材的正面、背面以及四条侧边上涂刷保新剂。

2）石材地面铺设主要采用干贴法。

3）铺装完毕后，用棉纱将板面上的灰浆擦拭干净，并养护1～2d，进行踢脚板的安装，然后用与石材颜色相同的勾缝剂进行抹缝处理。

4）打蜡、养护：最后用草酸清洗板面，再打蜡、抛光。

**3. 木面层地面施工工艺**

（1）作业条件：已完成的顶棚、墙面等各种湿作业工程干燥程度应在80%以上。水暖管道，电气设备，电源、通信、电视等管线等均安装到位，并完成了必要的检验、测试。

（2）木地板施工常用的方法为实铺式，实铺式木地板施工有格栅式与实贴式两种。

（3）施工工艺流程

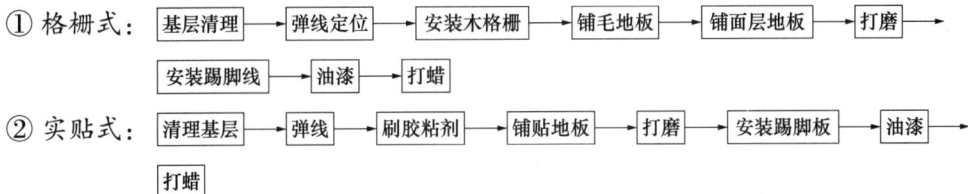

① 格栅式：基层清理 → 弹线定位 → 安装木格栅 → 铺毛地板 → 铺面层地板 → 打磨 →
安装踢脚线 → 油漆 → 打蜡

② 实贴式：清理基层 → 弹线 → 刷胶粘剂 → 铺贴地板 → 打磨 → 安装踢脚板 → 油漆 →
打蜡

（4）施工要点

1）格栅式：① 基层清理干净后要做好防潮、防腐处理；② 按设计规定弹出木格栅龙骨的位置线及标高控制线；③ 木格栅与地面间隙用干硬性水泥砂浆找平，与格栅接触处做防腐处理，格栅之间应设横撑；④ 毛地板条逐块用扁钉钉牢，错缝铺钉在木格栅上；⑤ 毛地板清扫干净后铺设木地板；⑥ 踢脚板接头锯成45°斜口搭接；⑦ 对于原木地板，需要刮腻子、打脚、涂饰、打蜡、磨光等表面处理。

2）实贴式：① 地面含水率不小于16%；水平面误差不小于4mm；不允许有空鼓、起砂；② 中心线应在试铺的情况下统筹各铺贴房间的几何尺寸后确定，控制线须平行于中心线或十字线；③ 在清洁的地面上用锯齿形刮板均匀刮一遍，然后用铲刀涂胶在木地板粘接面上，特别是凹槽内上胶要饱满。

**4. 竹面层地面施工工艺**

（1）施工工艺流程

基层处理 → 弹线 → 安装木格栅 → 铺毛地板 → 铺竹地板 → 刨平磨光 → 油漆 → 打蜡

（2）施工要点

1）竹地板的钉法采用斜钉，竹地板面层的接头应按设计要求留置。不符合模数的板块，其不足部分在现场根据实际尺寸将板块切割后镶补，并应用胶粘剂加强固定。

2）需要刨平磨光的地板应先粗刨后细刨，使面层完全平整后再用砂带机磨光。

1.【判断题】现浇水磨石地面的找平层要表面平整、密实，并保持光滑。（　　）

2.【判断题】干贴法主要适用于小尺寸地砖（常用于 400mm×400mm 以下规格）的铺贴。（　　）

3.【判断题】木面层地面施工前应完成顶棚、墙面的各种湿作业工程，且干燥程度在 80% 以上。（　　）

4.【单选题】现浇水磨石地面的石粒一般粒径为（　　）mm。

A. 6～15　　　　　　　　　　　　B. 5～10

C. 6～12　　　　　　　　　　　　D. 5～18

5.【单选题】陶瓷地砖楼地面施工工艺流程为（　　）。

A. 基层处理（抹找平层）→弹线、找规矩→做灰饼、冲筋→试饼→铺贴地砖→压平、拔缝→镶贴踢脚板

B. 基层处理（抹找平层）→弹线、找规矩→做灰饼、冲筋→铺贴地砖→压平、拔缝→试饼→镶贴踢脚板

C. 基层处理（抹找平层）→弹线、找规矩→做灰饼、冲筋→铺贴地砖→试饼→压平、拔缝→镶贴踢脚板

D. 基层处理（抹找平层）→弹线、找规矩→做灰饼、冲筋→压平、拔缝→试饼→铺贴地砖→镶贴踢脚板

6.【单选题】格栅式木面层地面施工工艺流程为（　　）。

A. 基层清理→弹线定位→安装木格栅→铺毛地板→打磨→铺面层地板→安装踢脚板→油漆→打蜡

B. 基层清理→弹线定位→铺毛地板→打磨→铺面层地板→安装木格栅→安装踢脚板→油漆→打蜡

C. 基层清理→弹线定位→安装木格栅→铺毛地板→铺面层地板→打磨→安装踢脚板→油漆→打蜡

D. 基层清理→弹线定位→铺毛地板→打磨→安装木格栅→铺面层地板→安装踢脚板→油漆→打蜡

7.【单选题】铺竹地板时靠墙的一块板应离开墙面（　　）mm 左右，以后逐块排紧。

A. 10　　　　　　　　　　　　　　B. 15

C. 20　　　　　　　　　　　　　　D. 25

8.【多选题】下列关于水泥砂浆地面施工要点中，正确的是（　　）。

A. 地面抹灰前，应先在四周墙上弹出一道水平基准线，作为确定水泥砂浆面层标高的依据

B. 水平基准线做法是以设计地面标高为依据，在四周墙上弹出 500mm 作为水平基准线

C. 水泥砂浆面层施工完毕后，要及时进行浇水养护，必要时可蓄水养护

D. 水泥砂浆面层养护时间不少于 3d

E. 水泥砂浆面层强度等级不应小于 35MPa

9.【多选题】下列关于现浇水磨石地面的施工要点，说法正确的是（　　）。

A. 石子浆铺抹完成后，即日起浇水养护

B. 局部无法使用机械研磨时可用手工研磨

C. 开磨前若试磨后石粒不松动即可开磨

D. 磨光应采用"三浆两磨"方法进行

E. 应磨至石子料显露，表面平整光滑、无砂眼细孔为止

10.【多选题】石材地面铺设做法与地砖楼地面铺贴方法相同的是（　　）。

A. 基层处理 　　　　　　　　　　　B. 弹线、找规矩

C. 做灰饼、冲筋 　　　　　　　　　D. 选板试饼

E. 铺板、打蜡

【答案】1. ×；2. ×；3. √；4. A；5. A；6. C；7. A；8. ABC；9. BCE；10. ABC

# 第四节　顶棚装饰工程

### 考点 44：各类吊顶施工工艺 ★ ●

教材点睛 | 教材 P102 ～ 107

**1. 木龙骨吊顶施工工艺**

（1）施工工艺流程

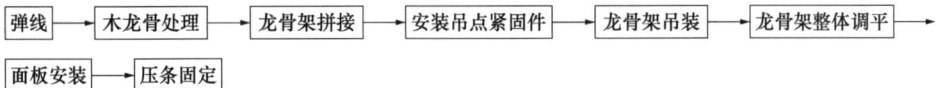

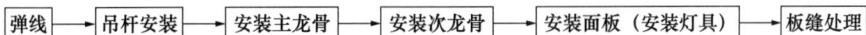

弹线 → 木龙骨处理 → 龙骨架拼接 → 安装吊点紧固件 → 龙骨架吊装 → 龙骨架整体调平 →

面板安装 → 压条固定

（2）施工要点

1）弹线：包括弹吊顶标高线、吊顶造型位置线、吊挂点定位线、大中型灯具吊点定位线。

2）木龙骨处理：使用前需要进行防腐和防火处理。

3）龙骨架拼接：先拼接组合成大片的龙骨骨架，再拼接小片的局部骨架；拼接按凹槽对凹槽咬口拼接，拼口处涂胶并用圆钉固定。

4）安装吊点紧固件：吊杆常用 $\phi6$ 或 $\phi8$ 钢筋制作。

5）龙骨架吊装：可分为分片拼装和连接固定两步；在各分片吊顶龙骨架安装就位之后，在需要预留空洞的位置进行必要的加固处理。

6）面板安装：面板应安装牢固且不得出现折裂、翘曲、缺棱掉角和脱层等缺陷。

7）压条固定：面板安装后需用压条固定，以防吊顶变形。

**2. 轻钢龙骨吊顶施工工艺**

（1）施工工艺流程

弹线 → 吊杆安装 → 安装主龙骨 → 安装次龙骨 → 安装面板（安装灯具）→ 板缝处理

（2）施工要点

1）吊杆安装：注意须根据设计要求的吊顶承载形式，确定吊杆材料及分布间距。

2）安装主龙骨：主龙骨通常沿房间的短向平行布置；就位后以单个房间为单位进行调平调直。

3）安装次龙骨：在次龙骨与主龙骨的交叉布置点，使用其配套的龙骨挂件将二者连接固定；龙骨沿墙面或柱面标高线钉牢。

4）安装面板：有明装、暗装、半隐装三种安装方式，根据设计要求选用；面板安装中应注意工种间的配合，避免返工和成品的交叉破坏。

5）板缝处理：① 自攻螺钉钉头做防锈处理；② 板面接缝处粘贴穿孔纸带或网格胶带；③ 用石膏腻子嵌平。

**3. 铝合金龙骨吊顶施工工艺**

（1）施工工艺

弹线 → 固定吊杆 → 安装主、次龙骨 → 灯具安装 → 面板安装 → 压条安装 → 板缝处理

（2）施工要点

1）弹线：根据设计标高在四周墙面或柱面上弹出控制线，在顶板上弹出主龙骨及吊点位置线。

2）固定吊杆：双层龙骨吊顶吊杆常用 $\phi6$ 或 $\phi8$ 钢筋；单层龙骨吊顶吊杆可采用 $\phi6$ 或 $\phi8$ 钢筋。

3）安装主、次龙骨：主、次龙骨宜从同一方向同时安装，按主龙骨位置线及标高线就位调平；再固定安装次龙骨。

4）板缝处理：通常条形金属板吊顶须做板缝处理，有闭缝和透缝两种形式，使用其配套嵌条。两种板缝处理均要求吊顶面板平整、板缝顺直。

巩固练习

1.【判断题】顶棚木龙骨防火处理一般是将防火涂料涂刷或喷于木材表面，也可把木材置于防火涂料槽内浸渍。 （　　）

2.【判断题】吊顶板闭缝式板缝处理要求顶棚面板平整、板缝顺直。 （　　）

3.【单选题】轻钢龙骨顶棚施工工艺流程为（　　）。

A. 弹线→安装主龙骨→安装次龙骨→吊杆安装→安装面板（安装灯具）→板缝处理

B. 弹线→安装主龙骨→安装次龙骨→安装面板（安装灯具）→吊杆安装→板缝处理

C. 弹线→吊杆安装→安装主龙骨→安装次龙骨→安装面板（安装灯具）→板缝处理

D. 弹线→吊杆安装→安装面板（安装灯具）→安装主龙骨→安装次龙骨→板缝处理

4.【单选题】双层龙骨顶棚时，吊杆常用（　　）钢筋。

A. $\phi4$ 或 $\phi6$　　　　　　　　　　B. $\phi6$ 或 $\phi8$

C. $\phi 8$ 或 $\phi 10$            D. $\phi 10$ 或 $\phi 12$

5.【单选题】木龙骨骨架吊装可分为分片拼装和连接固定两步,各分片吊顶龙骨架安装就位之后,在需要预留空洞的位置进行(　　　)。

A. 空洞周圈加一层罩面板        B. 增加照明

C. 粘贴防裂带                D. 加固处理

6.【单选题】木龙骨吊顶面板应安装牢固,不得出现的缺陷不包括(　　　)。

A. 折裂                        B. 翘曲

C. 接缝严密                D. 缺棱掉角和脱层等

7.【单选题】轻钢龙骨吊顶在主龙骨与吊件及吊杆安装就位之后,以(　　　)为单位进行调平调直。

A. $30m^2$                B. 一个房间

C. 一个楼层                D. 一个班组

8.【单选题】石膏板吊顶嵌缝时采用的嵌缝材料不能使用(　　　)。

A. 水泥                       B. 石膏腻子

C. 穿孔纸带                D. 网格胶带

9.【多选题】下列关于吊顶安装横撑龙骨施工要点,正确的是(　　　)。

A. 横撑龙骨由中、小龙骨截取     B. 其方向与次龙骨平行

C. 其方向与主龙骨垂直        D. 装在罩面板的拼接处

E. 地面与次龙骨平齐

10.【多选题】轻钢龙骨顶棚罩面板常用的安装方式有(　　　)。

A. 明装                       B. 透明装

C. 暗装                       D. 半隐装

E. 表装

11.【多选题】铝合金龙骨顶棚面板安装通常分为(　　　)。

A. 异形金属板搁置式安装       B. 异形金属板卡入式安装

C. 方形金属板搁置式安装       D. 方形金属板卡入式安装

E. 条形金属板安装

【答案】1. √; 2. √; 3. C; 4. B; 5. D; 6. C; 7. B; 8. A; 9. ADE; 10. ACD; 11. CDE

# 第五节　饰面工程

**考点 45:贴面类内墙、外墙装饰施工工艺 ★ ●**

教材点睛　教材 P108 ～ 109

**1. 内墙面砖铺贴要点**

(1)工艺流程

基层处理 → 浸砖 → 复查墙面规矩 → 安放垫尺 → 搅拌水泥浆 → 镶贴 → 擦缝

（2）施工要点

1）基层处理：基层为抹灰层且表面灰白时，应洒水湿润；基层为混凝土面时，应凿毛或用水泥素浆扫毛。

2）浸砖：瓷砖铺贴前要将面砖提前 1d 浸透水，晾干后备用。

3）复查墙面规矩：用托线板复查墙面的平整度、垂直度及阴阳角的顺直度，做灰饼套方。

4）搅拌水泥浆：贴面砖的水泥浆一般采用 1:1 水泥浆。

5）镶贴：砖背面满抹 6～10mm 厚水泥浆，四周刮成斜面后进行粘贴，用靠尺理直灰缝，留出 1.5mm 的砖缝；贴砖从阳角开始，使不成整块的砖放在阴角，阴角处的非整砖不能小于其宽度的一半。

6）擦缝：用毛刷蘸水洗净砖面泥浆，用棉丝擦干净；用白水泥、1:1 水泥砂浆勾缝。

**2. 外墙面砖铺贴要点**（工艺流程同内墙面砖铺贴）

（1）调整抹灰厚度：外墙砖不允许出现非整砖，可以通过调整砖缝宽度和抹灰厚度等方法予以控制。

（2）贴灰饼、设标筋：在建筑物外墙四角吊通长垂直线，再根据垂线拉横向通线，沿通线每隔 1.2～1.5m 贴一个灰饼，然后冲成标筋。

（3）构造做法：凸出墙面的檐口、腰线、窗台和女儿墙压顶等部位，贴外墙面砖时，上表面应有流水坡度，下面应做滴水线或滴水槽。

（4）勾缝：勾缝前应逐块检查面砖粘结质量；用 1:1 水泥砂浆勾缝，先勾横缝，后勾竖缝。

**3. 陶瓷锦砖和玻璃锦砖的铺贴要点**（工艺流程同内墙面砖铺贴）

（1）按设计图纸要求，挑选好饰砖并统一编号。

（2）镶贴前按每块锦砖大小弹线，从阳角及墙垛开始放线，由上到下做出标志。

（3）镶贴时，在弹好的水平线下口支垫尺，浇水湿润底层，易两人配合操作，按垫尺上口沿线由下往上粘贴，灰缝要对齐，用木砖轻轻来回敲打粘实。

（4）待灰浆初凝后，刷水将护面纸湿透，约半小时后揭纸；检查缝口，不正者用开刀拨匀。

**巩固练习**

1.【判断题】饰面砖包括内墙面砖、外墙面砖、陶瓷锦砖和玻璃马赛克等。（    ）

2.【判断题】贴面砖基层为抹灰层且表面较干时，应洒水湿润；为混凝土面时，应凿毛或用水泥素浆扫毛。（    ）

3.【单选题】釉面砖是窑制产品，本身尺寸存在轻微差别，为保证美观，要留有（    ）mm 的砖缝。

A. 1                           B. 1.5

C. 2                           D. 2.5

4.【单选题】外墙阳角及墙垛测量放线，（    ）作出标志。

A. 从上到下                  B. 从下到上

C. 从左到右                  D. 从右到左

5.【单选题】外墙砖的砖缝一般为（    ）mm。

A. 5～8                    B. 7～10

C. 7～12                 D. 10～12

6.【单选题】内墙瓷砖铺贴前要将面砖提前（    ）浸透水，晾干后备用。

A. 48h                      B. 1d

C. 72h                      D. 3d

7.【多选题】外墙面砖铺贴方法与内墙面砖铺贴方法的区别有（    ）。

A. 基层处理                  B. 调整抹灰厚度

C. 贴灰饼、设标筋          D. 构造做法

E. 勾缝

【答案】1. √；2. √；3. B；4. A；5. B；6. B；7. BCDE

### 考点 46：涂料类装饰施工工艺 ★ ●

> **教材点睛** 教材 P109～111
>
> **1. 施工工艺**
>
>
>
> **2. 施工要点**
>
> （1）基层处理
>
> 1）混凝土和抹灰表面：① 缺棱掉角及孔洞处，用水泥砂浆（或聚合物砂浆）修补平整；② 麻面、接缝错位等处，应先凿平或用砂轮机磨平，再修补找平；酥松、起皮、起砂等部位必须铲除重做。
>
> 2）木材表面：灰尘、污垢及粘着的砂浆、沥青或水柏油应除净；缝隙、毛刺、掀岔和脂囊修整后，应用腻子填补，并用砂纸磨光；木材基层的含水率不得大于 12%。
>
> 3）金属表面：施涂前应将灰尘、油渍、鳞皮、锈斑、焊渣、毛刺等消除干净。
>
> （2）打底子
>
> 1）抹灰或混凝土表面刷油性涂料时，可用清油打底。打底要求刷到刷匀，不能有遗漏和流淌现象。
>
> 2）木材表面涂刷混色涂料时，可用自配的清油打底；若涂刷清漆，则应用油粉或

水粉进行润粉，填充木纹、虫眼，使表面平滑并起着色作用。

3）金属表面应刷防锈漆打底。

（3）刮腻子、磨光：刮腻子的层数随涂料工程质量等级的高低而定，每层腻子干燥后均须用砂纸磨光一遍。

（4）施涂涂料

1）刷涂要求：上道涂层干燥后，方可进行下道涂层施涂；挥发快和流平性差的涂料，不可重复回刷，注意每层应厚薄一致；第一道深层涂料稠度不宜过大，深层要薄，使基层快速吸收为佳。

2）辊涂要求：平面涂饰时，应用流平性好、黏度低的涂料；立面辊涂时，应用流平性小、黏度高的涂料；要适当用力压滚，以保证涂料厚薄均匀；接槎部位应用空辊子滚压一遍，以保护辊涂饰面的均匀、完整，不留痕迹。

3）喷涂：喷枪运行时，喷嘴中心线必须与墙、顶棚垂直，运行速度应均匀一致；涂层的接槎应留在分格缝处，门窗处以及不喷涂的部位，并应认真遮挡。喷涂操作一般应连续进行，一次成活，不得漏喷、流淌。

4）抹涂：用刷涂、辊涂方法先刷一层底层涂料做结合层；底层涂料涂饰后 2h 左右，即可用不锈钢抹压工具涂抹面层涂料，涂层厚度为 2～3mm；抹完后，间隔 1h 左右，用不锈钢抹子拍抹饰面压光。

---

## 巩固练习

1.【判断题】底层涂料涂饰后 2h 左右，即可用不锈钢抹压工具涂抹面层涂料，涂层厚度为 2～3mm。 （ ）

2.【判断题】抹灰或混凝土表面刷油性涂料时，应用油粉或水粉进行润粉，使表面平滑并起着色作用。 （ ）

3.【单选题】涂料类施工工艺的步骤不包括（ ）。

A. 擦缝            B. 基层处理

C. 磨光            D. 打底子

4.【单选题】金属表面施涂前应消除处理的情形不包括（ ）。

A. 锈斑            B. 油渍

C. 新刷的防锈漆            D. 焊渣

5.【单选题】刷涂一般采用（ ）施涂。

A. 喷枪            B. 鬃刷或毛刷

C. 辊刷            D. 钢抹子

6.【单选题】木材表面基层的含水率不得大于（ ）。

A. 2%            B. 8%

C. 10%            D. 12%

7. 【单选题】内墙面层刮大白腻子一般不少于（　　）遍。

A. 1 　　　　　　　　　　　　　B. 2

C. 3 　　　　　　　　　　　　　D. 4

8. 【多选题】下列施涂涂料的做法正确的是（　　）。

A. 喷涂喷嘴中心线必须与墙、顶棚垂直

B. 辊涂接槎部位应用空辊子滚压一遍

C. 刷涂挥发快和流平性差的涂料，须重复回刷

D. 抹涂涂层厚度为 2～3mm

E. 立面辊涂应用流平性小、黏度高的涂料

【答案】1. √；2. ×；3. A；4. C；5. B；6. D；7. B；8. ABDE

## 考点 47：墙面罩面板装饰施工工艺

**教材点睛** 教材 P111

**1. 施工工艺流程**

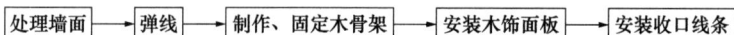

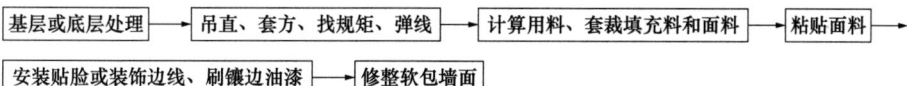

处理墙面 → 弹线 → 制作、固定木骨架 → 安装木饰面板 → 安装收口线条

**2. 施工要点**

（1）处理墙面：如墙面平整误差在 10mm 以内，可采取抹灰修整；如误差大于 10mm，可在墙面与龙骨之间加垫木块修整；墙面潮湿，应待干燥后施工，或做防潮处理。

（2）弹线：根据木护墙板、木墙裙的设计高度，以 1m 标高控制线为依据，在墙面弹线。

（3）制作、固定木骨架：横龙骨间距一般为 400mm 左右，竖龙骨间距一般为 600mm 左右；面板厚度为 1mm 以上时，横龙骨间距可适当放大；墙面的阴阳角处必须加钉木龙骨。

（4）安装木饰面板：护墙板、木墙裙顶部要拉线找平；面板与墙体须离开一定距离，避免潮气对面板的影响；踢脚板固定在垫木及墙板上，冒头用木线条固定在护墙板上；护墙板、木墙裙安装后，涂刷清油一遍，以防止其他工种污染板面。

（5）安装收口线条：木压条规格尺寸要一致，木压条须钉在木钉上。

## 考点 48：软包墙面装饰施工工艺 ●

**教材点睛** 教材 P111 ～ 112

**1. 施工工艺流程**

基层或底层处理 → 吊直、套方、找规矩、弹线 → 计算用料、套裁填充料和面料 → 粘贴面料 →

安装贴脸或装饰边线、刷镶边油漆 → 修整软包墙面

### 2. 施工要点

（1）基层或底层处理

1）在结构墙上预埋木砖、抹水泥砂浆找平层、刷喷冷底子油、铺贴一毡二油防潮层、安装 50mm×50mm 木墙筋（中距为 450mm）、上铺五层胶合板。

2）采取直接铺贴法时，先将底板拼缝用油腻子嵌平密实、满刮腻子 1～2 遍，待腻子干燥后用砂纸磨平；粘贴前，在基层表面满刷清油（清漆＋香蕉水）一道。

（2）计算用料、套裁填充料和面料：① 根据设计图纸的要求，确定软包墙面的具体做法；② 按照设计要求进行用料计算和底材（填充料）、面料套裁，要注意同一房间、同一图案与面料必须用同一卷材料和相同部位（含填充料）套裁面料。

（3）粘贴面料：按照设计图纸和造型的要求先粘贴填充料，然后把面料按照定位标志找好横竖坐标并上下摆正，用木条加钉子将上部临时固定，在将下端和两侧位置找好后，便可按设计要求粘贴面料。

（4）安装贴脸或装饰边线：根据设计选择加工好的贴脸或装饰边线，并按设计要求上漆，再与基层固定，最后修刷镶边油漆成活。

（5）软包墙面施工后须清除灰尘，处理钉粘保护膜的钉眼和胶痕等。

## 考点 49：裱糊类装饰施工工艺

### 1. 施工工艺流程

（1）PVC 壁纸裱糊施工工艺流程：

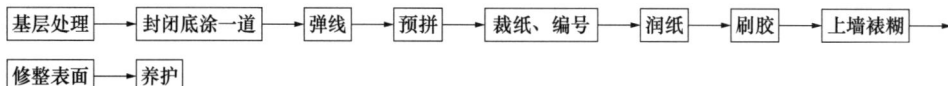

基层处理 → 封闭底涂一道 → 弹线 → 预拼 → 裁纸、编号 → 润纸 → 刷胶 → 上墙裱糊 →
修整表面 → 养护

（2）金属壁纸裱糊施工工艺流程：

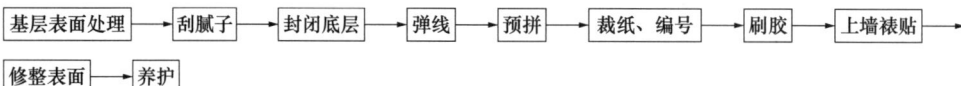

基层表面处理 → 刮腻子 → 封闭底层 → 弹线 → 预拼 → 裁纸、编号 → 刷胶 → 上墙裱贴 →
修整表面 → 养护

（3）锦缎裱糊施工工艺流程：

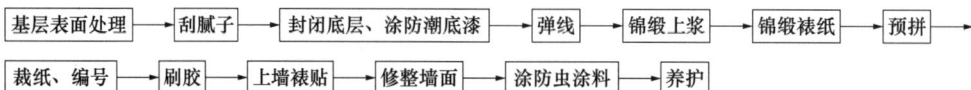

基层表面处理 → 刮腻子 → 封闭底层、涂防潮底漆 → 弹线 → 锦缎上浆 → 锦缎裱纸 → 预拼 →
裁纸、编号 → 刷胶 → 上墙裱贴 → 修整墙面 → 涂防虫涂料 → 养护

### 2. 施工要点（三种裱糊类装饰共同要点）

（1）基层表面必须平整光滑；混凝土及抹灰基层的含水率不小于 8%，木基层的含水率不小于 12% 时，方可粘贴壁纸；新抹水泥石灰膏砂浆基层常温龄期至少 10d 以

教材点睛 教材 P112～113（续）

上（冬期需 20d 以上），普通混凝土基层至少 28d 以上，才可裱糊装饰施工。

（2）刮腻子厚薄要均匀，且不宜过厚。

（3）施工前，须在墙面弹好线，以保证裱糊成品顺直。

（4）裱糊材料上墙前，墙面须均匀涂胶。裱贴时需用一定的力度张拉裱糊材料，以免裱糊材料起皱。

（5）裱糊完工后，要去除表面不洁之物，并注意保持温度与湿度适宜。

巩固练习

1.【判断题】罩面板装饰墙面基层平整误差在 12mm 以内，可采取抹灰修整的办法。
（　　　）

2.【判断题】软包墙应在房间内墙面未装修时插入软包墙面镶嵌贴装饰和安装工程。
（　　　）

3.【判断题】高级宾馆、饭店、娱乐建筑等多采用 PVC 壁纸裱糊。（　　　）

4.【单选题】面板装饰施工工艺流程为（　　　）。

A. 处理墙面→安装收口线条→制作、固定木骨架→弹线→安装木饰面板

B. 处理墙面→制作、固定木骨架→弹线→安装木饰面板→安装收口线条

C. 处理墙面→弹线→制作、固定木骨架→安装木饰面板→安装收口线条

D. 处理墙面→弹线→安装收口线条→制作、固定木骨架→安装木饰面板

5.【单选题】操作比较简单，但对基层或底板的平整度要求较高的软包墙面具体做法为（　　　）。

A. 预制铺贴填充法　　　　　　　B. 预制铺贴镶嵌法

C. 间接铺贴法　　　　　　　　　D. 直接铺贴法

6.【单选题】PVC 壁纸裱糊施工工艺流程为（　　　）。

A. 基层处理→弹线→预拼→封闭底涂一道→裁纸、编号→润纸→刷胶→上墙裱糊→修整表面→养护

B. 基层处理→弹线→预拼→裁纸、编号→润纸→刷胶→封闭底涂一道→上墙裱糊→修整表面→养护

C. 基层处理→封闭底涂一道→弹线→预拼→裁纸、编号→润纸→刷胶→上墙裱糊→修整表面→养护

D. 弹线→基层处理→预拼→裁纸、编号→刷胶→润纸→封闭底涂一道→上墙裱糊→修整表面→养护

7.【多选题】下列关于裱糊类装饰装修施工要点，正确的是（　　　）。

A. 基层表面必须平整光滑，否则须处理后达到要求

B. 刮腻子厚薄要均匀，且不宜过薄

C. 裱糊类装饰施工前，须在墙面弹好线，以保证裱糊成品顺直

D. 裱糊材料上墙前，须刷胶，涂胶要均匀

E. 裱糊完工后，要除去表面不洁之物，并注意保持温度与湿度适宜

【答案】1. ×；2. ×；3. ×；4. C；5. D；6. C；7. ACDE

# 第五章　施工项目管理

## 第一节　施工项目管理的内容及组织

**考点 50：施工项目管理的特点及内容**

> **教材点睛** | 教材 P114 ～ 115
>
> **1. 施工项目管理的特点：** ① 主体是建筑企业；② 对象是施工项目；③ 管理内容是按阶段变化的；④ 要求是强化组织协调工作。
>
> **2. 施工项目管理的内容（八个方面）：** ① 建立施工项目管理组织；② 编制施工项目管理规划；③ 施工项目的目标控制；④ 施工项目的生产要素管理；⑤ 施工项目的合同管理；⑥ 施工项目的信息管理；⑦ 施工现场的管理；⑧ 组织协调。

**考点 51：施工项目管理的组织机构★**

> **教材点睛** | 教材 P115 ～ 119
>
> **1. 施工项目管理组织的主要形式：** 直线式、职能式、矩阵式、事业部式等。
>
> **2. 施工项目经理部：** 由企业授权，在施工项目经理的领导下建立的项目管理组织机构，是施工项目的管理层，其职能是对施工项目实施阶段进行综合管理。
>
> （1）项目经理部的性质：相对独立性、综合性、临时性。
>
> （2）建立施工项目经理部的基本原则
>
> 1）根据所设计的项目组织形式设置。
>
> 2）根据施工项目的规模、复杂程度和专业特点设置。
>
> 3）根据施工工程任务需要调整。
>
> 4）适应现场施工的需要。
>
> （3）项目经理部部门设置（5 个基本部门）：经营核算部、技术管理部、物资设备供应部、质量安全部、安全后勤部。
>
> （4）项目部岗位设置及职责
>
> 1）项目部设置最基本的六大岗位：施工员、质量员、安全员、资料员、造价员、测量员，其他还有材料员、标准员、机械员、劳务员等。
>
> 2）岗位职责
>
> ① 施工项目经理：施工项目的最高责任人和组织者，是决定施工项目盈亏的关键性角色。

教材点睛 教材 P115～119（续）

　　② 项目技术负责人：在项目部经理的领导下，负责项目部施工生产、工程质量、安全生产和机械设备管理工作。

　　③ 施工员、质量员、安全员、资料员、造价员、测量员、材料员、标准员、机械员、劳务员都是项目的专业人员，是施工现场的管理者。

　　（5）项目经理部的解体：企业工程管理部门是项目经理部解体后处理善后工作的主管部门，主要负责项目经理部的解体后工程项目在保修期间问题的处理，包括因质量问题造成的返（维）修、工程剩余价款的结算以及回收等。

## 巩固练习

1.【判断题】施工项目管理是指建筑企业运用系统的观点、理论和方法对施工项目进行的决策、计划、组织、控制、协调等全过程的全面管理。　　　　　　　　（　　　）

2.【判断题】项目经理部是工程的主管部门，主要负责工程项目在保修期间问题的处理，包括因质量问题造成的返（维）修、工程剩余价款的结算以及回收等。　（　　　）

3.【判断题】在现代施工企业的项目管理中，施工项目经理是施工项目的最高责任人和组织者，是决定施工项目盈亏的关键性角色。　　　　　　　　　　　　（　　　）

4.【判断题】施工现场包括红线以内占用的建筑用地和施工用地以及临时施工用地。
　　　　　　　　　　　　　　　　　　　　　　　　　　　　　　　　　　　（　　　）

5.【单选题】下列关于施工项目管理的特点说法中，错误的是（　　　）。

A. 对象是施工项目　　　　　　　　B. 主体是建设单位

C. 内容是按阶段变化的　　　　　　D. 要求强化组织协调工作

6.【单选题】下列选项中，不属于施工项目管理组织的主要形式的是（　　　）。

A. 直线式　　　　　　　　　　　　B. 线性结构式

C. 矩阵式　　　　　　　　　　　　D. 事业部式

7.【单选题】下列关于施工项目管理组织形式的说法中，错误的是（　　　）。

A. 线性组织适用于大型项目，工期要求紧，要求多工种、多部门配合的项目

B. 事业部式适用于大型经营型企业的工程承包

C. 部门控制式项目组织一般适用于专业性强的大中型项目

D. 矩阵式项目组织适用于同时承担多个需要进行项目管理工程的企业

8.【单选题】下列选项中不属于项目经理部性质的是（　　　）。

A. 法律强制性　　　　　　　　　　B. 相对独立性

C. 综合性　　　　　　　　　　　　D. 临时性

9.【单选题】下列选项中，不属于建立施工项目经理部的基本原则的是（　　　）。

A. 根据所设计的项目组织形式设置

B. 适应现场施工的需要

C. 满足建设单位关于施工项目目标控制的要求

D. 根据施工工程任务需要调整

10.【单选题】不属于施工项目经理部综合性主要表现的是（　　　）。

A. 随项目开工而成立，随着项目竣工而解体

B. 管理职能是综合的

C. 管理施工项目的各种经济活动

D. 管理业务是综合的

11.【单选题】项目部设置的最基本的岗位不包括（　　　）。

A. 统计员　　　　　　　　　　　B. 施工员

C. 安全员　　　　　　　　　　　D. 质量员

12.【多选题】施工项目管理周期包括（　　　）、竣工验收、保修等。

A. 建设设想　　　　　　　　　　B. 工程投标

C. 签订施工合同　　　　　　　　D. 施工准备

E. 施工

13.【多选题】下列选项中，不属于施工项目管理的内容的是（　　　）。

A. 建立施工项目管理组织　　　　B. 编制《施工项目管理目标责任书》

C. 施工项目的生产要素管理　　　D. 施工项目的施工情况的评估

E. 施工项目的信息管理

14.【多选题】下列各部门中，项目经理部不需设置的是（　　　）。

A. 经营核算部门　　　　　　　　B. 物资设备供应部门

C. 设备检查检测部门　　　　　　D. 测试计量部门

E. 企业工程管理部门

【答案】1. √；2. ×；3. √；4. ×；5. B；6. B；7. C；8. A；9. C；10. A；11. A；
12. BCDE；13. BD；14. CE

# 第二节　施工项目目标控制

### 考点 52：施工项目目标控制 ★

教材点睛　教材 P120～126

**1. 施工项目目标控制**：主要包括施工项目进度控制、质量控制、成本控制、安全控制四个方面。

**2. 施工项目目标控制的任务**

（1）施工项目进度控制的任务：编制最优的施工进度计划；检查施工实际进度情况，对比计划进度，动态控制施工进程；出现偏差，分析原因和评估影响度，制订调整措施。

（2）施工项目质量控制的任务：准备阶段编制施工技术文件，制定质量管理计划

和质量控制措施，进行施工技术交底；施工阶段对实施情况进行监督、检查和测量，找出存在的质量问题，分析质量问题的成因，采取补救措施。

（3）施工项目成本控制的任务：开工前预测目标成本，编制成本计划；项目实施过程中，收集实际数据，进行成本核算；对实际成本和计划成本进行比较，如果发生偏差，应及时进行分析，查明原因，并及时采取有效措施，不断降低成本。将各项生产费用控制在原来所规定的标准和预算之内，以保证实现规定的成本目标。

（4）施工项目安全控制的任务（包括职业健康、安全生产和环境管理三个部分）。

1）职业健康管理的主要任务：制订并落实职业病、传染病的预防措施；为员工配备必要的劳动保护用品，按要求购买保险；组织员工进行健康体检，建立员工健康档案等。

2）安全生产管理的主要任务：制定安全管理制度、编制安全管理计划和安全事故应急预案；识别现场的危险源，采取措施预防安全事故；进行安全教育培训、安全检查，提高员工的安全意识和素质。

3）环境管理的主要任务：规范现场的场容环境，保持作业环境的整洁卫生，预防环境污染事件，减少施工对周围居民和环境的影响等。

**3. 施工项目目标控制的措施**

（1）施工项目进度控制的措施：组织措施、技术措施、合同措施、经济措施和信息管理措施等。

（2）施工项目质量控制的措施：提高管理、施工及操作人员素质；建立完善的质量保证体系；加强原材料的质量控制；提高施工质量管理水平；确保施工工序质量；加强施工项目过程控制（"三检"制）。

（3）施工项目安全控制的措施：安全制度措施、安全组织措施、安全技术措施。【详见表5-1、表5-2，P123】

（4）施工项目成本控制的措施：组织措施、技术措施、经济措施、合同措施。

巩固练习

1.【判断题】项目质量控制贯穿于项目施工的全过程。　　　　　　　　　　（　　）

2.【判断题】安全管理的对象是生产中一切人、物、环境、管理状态，安全管理是一种动态管理。　　　　　　　　　　　　　　　　　　　　　　　　　　　（　　）

3.【单选题】施工项目的劳动组织不包括下列的（　　　　）。

A. 劳务输入　　　　　　　　　　　B. 劳动力组织

C. 劳务队伍的管理　　　　　　　　D. 劳务输出

4.【单选题】施工项目目标控制包括：施工项目进度控制、施工项目质量控制、（　　　　）、施工项目安全控制四个方面。

A. 施工项目管理控制　　　　　　　B. 施工项目成本控制

C. 施工项目人力控制　　　　　　　　D. 施工项目物资控制

5. 【单选题】下列各项措施中，不属于施工项目质量控制的措施的是（　　）。

A. 提高管理、施工及操作人员自身素质

B. 提高施工质量管理水平

C. 尽可能采用先进的施工技术、方法和新材料、新工艺、新技术，保证进度目标实现

D. 加强施工项目过程控制

6. 【单选题】施工项目过程控制中，加强专项检查，包括自检、（　　）、互检。

A. 专检　　　　　　　　　　　　　　B. 全检

C. 交接检　　　　　　　　　　　　　D. 质检

7. 【单选题】下列措施中，不属于施工项目安全控制措施的是（　　）。

A. 组织措施　　　　　　　　　　　　B. 技术措施

C. 管理措施　　　　　　　　　　　　D. 制度措施

8. 【单选题】下列措施中，不属于施工准备阶段安全技术措施的是（　　）。

A. 技术准备　　　　　　　　　　　　B. 物资准备

C. 资金准备　　　　　　　　　　　　D. 施工队伍准备

9. 【多选题】下列关于施工项目目标控制的措施说法中，错误的是（　　）。

A. 建立完善的工程统计管理体系和统计制度属于信息管理措施

B. 主要有组织措施、技术措施、合同措施、经济措施和管理措施

C. 落实施工方案，在发生问题时，能适时调整工作之间的逻辑关系，加快实施进度属于技术措施

D. 签订并实施关于工期和进度的经济承包责任制属于合同措施

E. 落实各层次进度控制的人员及其具体任务和工作责任属于组织措施

【答案】1. ×；2. √；3. D；4. B；5. C；6. A；7. C；8. C；9. BD

# 第三节　施工资源与现场管理

**考点 53：施工资源与现场管理 ★ ●**

教材点睛　教材 P126～128

**1. 施工项目资源管理**

（1）施工项目资源管理的内容：劳动力、材料、机械设备、技术和资金等。

（2）施工资源管理的任务：确定资源类型及数量；确定资源的分配计划；编制资源进度计划；施工资源进度计划的执行和动态调整。

**2. 施工现场管理**

（1）施工现场管理的任务

1）全面完成生产计划规定的任务，包含产量、产值、质量、工期、资金、成本、

利润和安全等。

2）按施工规律组织生产，优化生产要素的配置，实现高效率和高效益。

3）搞好劳动组织和班组建设，不断提高施工现场人员的思想和技术素质。

4）加强定额管理，降低物料和能源的消耗，减少生产储备和资金占用，不断降低生产成本。

5）优化专业管理，建立完善管理体系，有效地控制施工现场的投入和产出。

6）加强施工现场的标准化管理，使人流、物流高效有序。

7）治理施工现场环境，改变"脏、乱、差"的状况，注意保护施工环境，做到施工不扰民。

（2）施工项目现场管理的内容：规划及报批施工用地；设计施工现场平面图；建立施工现场管理组织；建立文明施工现场；及时清场转移。

巩固练习

1.【判断题】施工项目的生产要素主要包括劳动力、材料、技术和资金。（　　　）

2.【判断题】建筑辅助材料是指在施工中被直接加工，构成工程实体的各种材料。

（　　　）

3.【单选题】下列不属于施工资源管理任务的是（　　　）。

A. 确定资源类型及数量　　　　　　B. 设计施工现场平面图

C. 编制资源进度计划　　　　　　　D. 施工资源进度计划的执行和动态调整

4.【单选题】下列不属于施工项目现场管理内容的是（　　　）。

A. 规划及报批施工用地　　　　　　B. 设计施工现场平面图

C. 建立施工现场管理组织　　　　　D. 为项目经理决策提供信息依据

5.【单选题】资金管理的主要环节不包括（　　　）。

A. 资金回笼　　　　　　　　　　　B. 编制资金计划

C. 资金使用　　　　　　　　　　　D. 筹集资金

6.【单选题】属于确定资源分配计划的工作是（　　　）

A. 确定项目所需的管理人员和工种　B. 编制物资需求分配计划

C. 确定项目施工所需的各种物资资源　D. 确定项目所需资金的数量

7.【多选题】下列属于施工项目资源管理的内容的是（　　　）。

A. 劳动力　　　　　　　　　　　　B. 材料

C. 技术　　　　　　　　　　　　　D. 机械设备

E. 施工现场

8.【多选题】下列选项中，不属于施工资源管理任务的是（　　　）。

A. 规划及报批施工用地　　　　　　B. 确定资源类型及数量

C. 确定资源的分配计划　　　　　　D. 建立施工现场管理组织

E. 施工资源进度计划的执行和动态调整

9. 【多选题】下列选项中，属于施工现场管理的内容的是（　　　）。

A. 落实资源进度计划　　　　　　　B. 设计施工现场平面图

C. 建立文明施工现场　　　　　　　D. 施工资源进度计划的动态调整

E. 及时清场转移

【答案】1. ×；2. ×；3. B；4. D；5. A；6. B；7. ABCD；8. AD；9. BCE

# 第六章 建筑力学

## 第一节 平面力系

**考点 54：平面力系●**

教材点睛 教材 P129～138

**1. 力的基本性质**

（1）力的基本概念

1）力的三要素：力的大小、力的方向和力的作用点。力的单位为牛顿（N）。

2）静力学公理：作用力与反作用力公理、二力平衡公理、加减平衡力系公理、力具有可传递性（加减平衡力系公理和力的可传递性原理都只适用于刚体）。

（2）约束力与约束反力

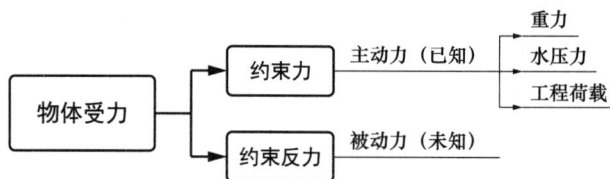

```
                              ┌─ 重力
              ┌─ 约束力   主动力（已知）──┤─ 水压力
  物体受力 ──┤                          └─ 工程荷载
              └─ 约束反力  被动力（未知）
```

（3）受力分析

1）受力图绘制步骤：明确分析对象，画出分离简图；在分离体上画出全部主动力、约束反力，注意约束反力与约束应要相对应。

2）力的平行四边形法则：作用于物体上的同一点的两个力，可以合成为一个合力，合力的大小和方向由这两个力为边所构成的平行四边形的对角线来表示。

3）计算简图：用结构计算简图来代替实际结构，重点显示其基本特点，是力学计算的基础。

**2. 平面汇交力系**（凡各力的作用线都在同一平面内的力系）

（1）平面汇交力系的合成

1）力在坐标轴上的投影；力的投影从开始端到末端的指向，与坐标轴正向相同为正，反之为负。

2）平面汇交力系合成的解析法：根据合力投影定理（合力在任意轴上的投影等于各分力在同一轴上投影的代数和），将平面汇交力系中的力合成为一合力。

3）力的分解：利用四边形法则进行力的分解。

4）力的分解和力的投影的区别与联系：分力是矢量，而投影为代数量；分力的大小等于该力在坐标轴上投影的绝对值，投影的正负号反映了分力的指向。

（2）平面汇交力系的平衡

1）平面一般力系的平衡条件：平面一般力系中各力在两个任选的直角坐标轴上的投影的代数和分别等于零，各力对任意一点力矩的代数和也等于零。

2）平面力系平衡的特例：平面汇交力系（所有力交汇于 O 点）、平面平行力系、平面力偶系。

3）荷载集度为常量，称为均匀分布荷载。均布荷载可简化计算：合力的大小 $F_q = qa$，合力作用于受载长度的中点。

**3. 力偶、力矩的特性及应用**

（1）力偶和力偶系

1）力偶的三要素：力偶矩的大小、转向和力偶的作用面的方位（凡是三要素相同的力偶，彼此相同，可以互相代替）。

2）力偶的性质

① 力偶无合力，只能用力偶来平衡，力偶在任意轴上的投影等于零。

② 力偶对其平面内任意点之矩，恒等于其力偶矩，而与矩心的位置无关。

3）力偶系的作用效果只能是产生转动，其转动效应的大小等于各力偶转动效应的总和。

（2）合力矩定理：合力对平面内任意一点之矩，等于所有分力对同一点之矩的代数和。

---

巩固练习

1.【判断题】力是物体之间相互的机械作用，这种作用的效果是使物体的运动状态发生改变，而无法使物体发生形变。　　　　　　　　　　　　　　　　　　　　（　　）

2.【判断题】两个物体之间的作用力和反作用力，总是大小相等，方向相反，沿同一直线，并同时作用在任意一个物体上。　　　　　　　　　　　　　　　　　　（　　）

3.【判断题】若物体相对于地面保持静止或匀速直线运动状态，则物体处于平衡状态。
　　　　　　　　　　　　　　　　　　　　　　　　　　　　　　　　　　　（　　）

4.【判断题】画受力图时，应该依据主动力的作用方向来确定约束反力的方向。
　　　　　　　　　　　　　　　　　　　　　　　　　　　　　　　　　　　（　　）

5.【判断题】在平面力系中，各力的作用线都汇交于一点的力系，称为平面汇交力系。
　　　　　　　　　　　　　　　　　　　　　　　　　　　　　　　　　　　（　　）

6.【单选题】刚体受三力作用而处于平衡状态，则此三力的作用线（　　　）。

A. 必汇交于一点　　　　　　　　　　B. 必互相平行

C. 必皆为零　　　　　　　　　　　　D. 必位于同一平面内

7.【单选题】只限制物体任何方向移动，不限制物体转动的支座称为（　　　）支座。

A. 固定铰　　　　　　　　　　　　　B. 可动铰

C. 固定端　　　　　　　　　　　　　D. 光滑面

8.【单选题】由绳索、链条、胶带等柔体构成的约束称为（　　　）约束。

A. 光滑面 　　　　　　　　　　　 B. 柔体

C. 链杆 　　　　　　　　　　　　 D. 固定端

9.【单选题】固定端支座不仅可以限制物体的（　　　），还能限制物体的（　　　）。

A. 运动，移动 　　　　　　　　　 B. 移动，活动

C. 转动，活动 　　　　　　　　　 D. 移动，转动

10.【单选题】平面汇交力系的平衡条件是（　　　）。

A. $\sum X = 0$ 　　　　　　　　　 B. $\sum Y = 0$

C. $\sum X = 0$ 和 $\sum Y = 0$ 　　　 D. 都不正确

11.【多选题】两物体间的作用力和反作用力总是（　　　）。

A. 大小相等 　　　　　　　　　　 B. 方向相反

C. 沿同一直线分别作用在两个物体上 D. 作用在同一物体上

E. 方向一致

12.【多选题】下列各力为主动力的是（　　　）。

A. 重力 　　　　　　　　　　　　 B. 水压力

C. 摩擦力 　　　　　　　　　　　 D. 静电力

E. 挤压力

13.【多选题】下列约束类型正确的有（　　　）。

A. 柔体约束 　　　　　　　　　　 B. 圆柱铰链约束

C. 可动铰支座 　　　　　　　　　 D. 可动端支座

E. 固定铰支座

14.【多选题】作用在刚体上的三个相互平衡的力，若其中两个力的作用线相交于一点，则第三个力的作用线（　　　）。

A. 一定不交于同一点 　　　　　　 B. 不一定交于同一点

C. 必定交于同一点 　　　　　　　 D. 交于一点但不共面

E. 三个力的作用线共面

【答案】1. ×；2. ×；3. √；4. √；5. √；6. A；7. A；8. B；9. D；10. C；11. ABC；12. ABD；13. ABCE；14. CE

# 第二节　杆件的内力

**考点 55：杆件的内力●**

教材点睛　教材 P138 ～ 140

**1. 单跨静定梁的内力**

（1）静定梁的受力

1）静定结构在几何特性上属于无多余联系的几何不变体系。

2）单跨静定梁的形式：简支、伸臂和悬臂。

3）静定梁的受力（横截面上的内力）：轴力、剪力、弯矩。（画图时需注明受力方向）

（2）用截面法计算表达式

$\sum F_x$ ＝截面一侧所有外力在杆轴平行方向上投影的代数和。

$\sum F_y$ ＝截面一侧所有外力在杆轴垂直方向上投影的代数和。

$\sum M$ ＝截面一侧所有外力对截面形心力矩代数和，使隔离体下侧受拉为正。为便于判断哪边受拉，可假想该脱离体在截面处固定为悬臂梁。

**2. 多跨静定梁内力的基本概念**

（1）概念：指由若干根梁用铰相连，并用若干支座与基础相连而组成的静定结构。

（2）受力分析遵循先附属部分、后基本部分的分析计算顺序。

（3）多跨静定梁内力可使其自身和基本部分均产生内力和弹性变形。

**3. 静定平面桁架内力的基本概念**

桁架是由链杆组成的格构体系，当荷载仅作用在结点上时，杆件仅承受轴向力，截面上只有均匀分布的正应力，这是最理想的一种结构形式。

巩固练习

1.【判断题】多跨静定梁是由若干根梁用铰连接，并用若干支座与基础相连而组成的静定结构。　　　　　　　　　　　　　　　　　　　　　　　　（　　　）

2.【判断题】静定结构只在荷载作用下才产生反力、内力。　　　　　（　　　）

3.【判断题】一般平面桁架内力分析利用截面法。　　　　　　　　　（　　　）

4.【单选题】多跨静定梁的受力分析遵循先（　　　），后（　　　）的分析计算顺序。

A. 附属部分；基本部分　　　　　　　　B. 基本部分；附属部分

C. 整体；局部　　　　　　　　　　　　D. 局部；整体

5.【单选题】静定结构的反力和内力只与结构的（　　　）有关。

A. 形状　　　　　　　　　　　　　　　B. 截面尺寸

C. 材料　　　　　　　　　　　　　　　D. 尺寸、几何形状

6.【单选题】单跨静定梁的常见形式不包括（　　　）。

A. 铰支　　　　　　　　　　　　　　　B. 伸臂

C. 悬臂　　　　　　　　　　　　　　　D. 简支

7.【单选题】以轴线变弯为主要特征的变形形式称为（　　　）变形。

A. 剪切　　　　　　　　　　　　　　　B. 弯曲

C. 残余　　　　　　　　　　　　　　　D. 冷脆

8.【单选题】多跨静定梁基本部分上的荷载通过支座直接传于（　　　）。

A. 基本部分                 B. 主要部分

C. 地基                       D. 附属部分

9.【单选题】桁架是由链杆组成的格构体系,当荷载仅作用在结点上时,杆件仅承受( )。

A. 剪力                      B. 轴向力

C. 弯矩                      D. 扭力

10.【多选题】静定结构的( )只产生位移。

A. 内力                      B. 制造误差

C. 反力                      D. 温度变化

E. 支座沉陷

【答案】1. √; 2. √; 3. √; 4. A; 5. D; 6. A; 7. B; 8. C; 9. B; 10. BDE

# 第三节 杆件强度、刚度和稳定的基本概念

**考点 56:杆件的强度、刚度和稳定性 ●**

**教材点睛** 教材 P141 ~ 143

**1. 变形固体的基本假设主要有:** 均匀性假设、连续性假设、各向同性假设、小变形假设。

(1)弹性变形:随外力的解除而变形也随之消失的变形。

(2)塑性变形:部分变形随外力的解除而不随之消失的变形。

**2. 杆件的基本受力形式:** 轴向拉伸与压缩、剪切、扭转、弯曲。

**3. 杆件强度:** 结构杆件在规定的荷载作用下,保证不因材料强度而发生破坏的要求。

**4. 杆件刚度:** 指构件抵抗变形的能力。

(1)梁的挠度变形主要由弯矩引起,通常我们计算梁的最大挠度 $f_{max} = \dfrac{5qL^4}{384EI}$。

(2)影响弯曲变形(位移)的因素:材料性能、截面大小和形状、构件的跨度。

**5. 杆件稳定性:** 指构件保持原有平衡状态的能力。保持稳定的平衡状态,就要满足所受最大压力 $F_{max}$ 小于临界压力 $F_{cr}$。

**巩固练习**

1.【判断题】链杆可以受到拉压、弯曲、扭转。            ( )

2.【判断题】梁通过混凝土垫块支承在砖柱上,不计摩擦时可视为可动铰支座。

                                                      ( )

3.【判断题】轴线为直线的杆称为等直杆。                 ( )

4. 【判断题】限制变形的要求即为刚度要求。 （ ）

5. 【判断题】压杆的柔度越大，压杆的稳定性越差。 （ ）

6. 【判断题】所受最大力大于临界压力，受压杆件保持稳定平衡状态。 （ ）

7. 【判断题】剪切变形是在一对相距很近、大小相等、方向相反、作用线垂直于杆轴线的外力作用下，杆件的横截面沿外力方向发生的错动。 （ ）

8. 【单选题】强度就是构件在外力作用下抵抗（ ）的能力。

A. 破坏 B. 平衡

C. 扭曲 D. 剪切

9. 【单选题】假设固体内部各部分之间的力学性质处处相同，为（ ）。

A. 均匀性假设 B. 连续性假设

C. 各向同性假设 D. 小变形假设

10. 【单选题】构件抵抗变形的能力是（ ）。

A. 弯曲 B. 刚度

C. 挠度 D. 扭转

11. 【单选题】构件保持原有平衡状态的能力是（ ）。

A. 弯曲 B. 刚度

C. 稳定性 D. 扭转

12. 【多选题】在工程结构中，杆件的基本受力形式有（ ）。

A. 轴向拉伸与压缩 B. 弯曲

C. 翘曲 D. 剪切

E. 扭转

13. 【多选题】影响弯曲变形（位移）的因素为（ ）。

A. 材料性能 B. 稳定性

C. 截面大小和形状 D. 构件的跨度

E. 可恢复弹性范围

14. 【多选题】变形固体的基本假设主要有（ ）。

A. 均匀性假设 B. 稳定性假设

C. 连续性假设 D. 小变形假设

E. 各向同性假设

【答案】1. ×；2. √；3. ×；4. ×；5. √；6. ×；7. √；8. A；9. A；10. B；11. C；12. ABDE；13. ACD；14. ACDE

# 第七章　建筑构造与建筑结构

## 第一节　建筑构造的基本知识

**考点 57：民用建筑的基本构造组成●**

教材点睛　教材 P144～145

**1. 民用建筑的七个主要构造**：基础、墙体（柱）、屋顶、门与窗、地坪、楼板层、楼梯。

**2. 民用建筑的次要构造**：阳台、雨篷、台阶、散水、通风道等。

**3. 主要构造的功能及作用**

（1）基础：位于建筑物的最下部，是建筑的重要承重构件，属于建筑的隐蔽部分。

（2）墙体（柱）：具有承重、围护和分隔的功能。

1）墙体：具有足够的强度、刚度、稳定性、良好的热工性能及防火、隔声、防水、耐久能力。

2）柱：建筑物的竖向承重构件，要求具有足够的强度、稳定性。

（3）屋顶：由屋面、保温（隔热）层和承重结构三部分组成，具有抵御自然界风、雨、雪、日晒等不良因素的能力。

（4）门与窗：具有分隔房间、围护、采光、通风等作用，属于非承重结构的建筑构件。

（5）地坪：具有承担底层房间的地面荷载、防水、保温的功能。

（6）楼板层：楼房建筑中的水平承重构件，兼有竖向划分建筑内部空间的功能。

（7）楼梯：是楼房建筑的垂直交通设施，也是紧急情况下的安全疏散通道。

**考点 58：常见基础的构造**

教材点睛　教材 P145～147

**1. 基础**是建筑承重结构在地下的延伸，承担建筑上部结构的全部荷载，并把这些荷载有效地传给地基。

**2. 地基与基础的传力关系**

（1）基础要有足够的强度和整体性，同时还要有良好的耐久性以及抵抗地下各种不利因素的能力。

（2）地基的强度（俗称地基承载力）、变形性能直接关系到建筑的使用安全和整体的稳定性。

（3）地基类型：分为天然地基、人工地基两类。

**3. 无筋扩展基础：**多采用砖、毛石和混凝土制成，由于其自重大，耗材多，目前较少采用。

**4. 扩展基础：**利用设置在基础底面的钢筋来抵抗基底的拉应力，适宜在宽基、浅埋的工程。钢筋混凝土基础属于扩展基础，主要有条形、独立、井格、筏形及箱形等基础形式。

**5. 桩基础：**具有施工速度快、土方量小、适应性强等优点。根据桩的工作状态，桩可分为端承桩和摩擦桩。

巩固练习

1.【判断题】民用建筑通常由地基、墙或柱、楼板层、楼梯、屋顶、地坪、门窗等主要部分组成。 （　　）

2.【判断题】桩基础具有施工速度快、土方量小、适应性强等优点。 （　　）

3.【单选题】门与窗的作用不包括（　　）。

A. 采光、通风 B. 围护

C. 分隔房间 D. 防火隔声

4.【单选题】地基是承担（　　）传来的建筑全部荷载。

A. 基础 B. 大地

C. 建筑上部结构 D. 地面一切荷载

5.【单选题】基础承担建筑上部结构的（　　），并把这些（　　）有效地传给地基。

A. 部分荷载，荷载 B. 全部荷载，荷载

C. 混凝土强度，强度 D. 混凝土耐久性，耐久性

6.【单选题】属于桩基础组成的是（　　）。

A. 底板 B. 承台

C. 垫层 D. 桩间土

7.【多选题】屋顶由（　　）组成。

A. 主要结构 B. 屋面

C. 保温（隔热）层 D. 承重结构

E. 次要结构

8.【多选题】按照形态，基础可以分为（　　）。

A. 独立基础 B. 扩展基础

C. 无筋扩展基础 D. 条形基础

E. 井格式基础

9.【多选题】钢筋混凝土基础可以加工成（　　）基础。

A. 条形            B. 环形

C. 圆柱形         D. 独立

E. 井格

【答案】1. ×；2. √；3. D；4. A；5. B；6. B；7. BCD；8. ADE；9. ADE

## 考点 59：墙体和地下室的构造

教材点睛 教材 P147～152

### 1. 墙体分类

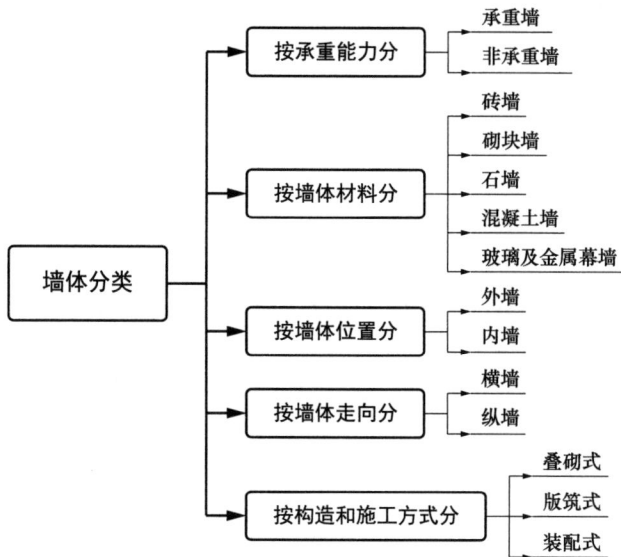

**2. 墙体需要满足四个方面的要求**：① 有足够的强度和稳定性；② 满足热工方面的要求；③ 有足够的防火能力；④ 有良好的物理性能。

**3. 砌块墙的细部构造包括**：散水（散水坡）、墙身防潮层、勒脚、窗台、门窗过梁、圈梁、通风道、构造柱、复合墙体（外墙外保温墙体、内墙内保温墙体）等。

**4. 隔墙的构造**

（1）隔墙的分类：有砌筑隔墙、立筋隔墙和条板隔墙三种。

（2）隔墙的构造要求：自重轻、厚度薄、有良好的物理性能与装拆性。

（3）常见隔墙的构造：砌块隔墙、轻钢龙骨石膏板隔墙、水泥玻璃纤维空心条板隔墙。

**5. 地下室防潮及防水构造**

（1）防潮构造：在地下室墙体外表面抹 20mm 厚 1:2 防水砂浆，地下室的底板做防潮处理，然后把地下室墙体外侧周边用透水性差的黏土、灰土分层回填夯实。

（2）地下室防水构造方案：有隔水法（卷材防水、构件自防水）、排水法、综合法三种。

1.【判断题】悬挑窗台底部边缘应做滴水。 （ ）

2.【判断题】勒脚的作用是为了防止雨水侵蚀这部分墙体，但不具有美化建筑立面的功效。 （ ）

3.【判断题】内保温复合墙体的优点是保温材料设置在墙体的内侧，保温材料不受外界因素的影响，保温效果好。 （ ）

4.【单选题】下列材料中不可以用作墙身防潮层的是（ ）。

A. 油毡 B. 防水砂浆

C. 细石混凝土 D. 碎砖灌浆

5.【单选题】当首层地面为实铺时，防潮层的位置通常选在（ ）处。

A. −0.030m B. −0.040m

C. −0.050m D. −0.060m

6.【单选题】严寒或寒冷地区外墙中，采用（ ）过梁。

A. 矩形 B. 正方形

C. T 形 D. L 形

7.【单选题】我国中原地区应用得比较广泛的复合墙体是（ ）。

A. 中填保温材料复合墙体 B. 内保温复合墙体

C. 外保温复合墙体 D. 双侧保温材料复合墙体

8.【单选题】炉渣和陶粒混凝土砌块厚度通常为（ ）mm，加气混凝土砌块多采用（ ）mm。

A. 90，100 B. 100，90

C. 80，120 D. 120，80

9.【单选题】防潮构造：首先要在地下室墙体表面抹（ ）防水砂浆。

A. 30mm 厚 1∶2 B. 25mm 厚 1∶3

C. 30mm 厚 1∶3 D. 20mm 厚 1∶2

10.【多选题】下列关于窗台的说法，正确的是（ ）。

A. 悬挑窗台挑出的尺寸不应小于 80mm

B. 悬挑窗台常用砖砌或采用预制钢筋混凝土

C. 内窗台的窗台板一般采用预制水磨石板或预制钢筋混凝土板制作

D. 外窗台的作用主要是排除下部雨水

E. 外窗台应向外形成一定坡度

【答案】1. √；2. ×；3. √；4. D；5. D；6. D；7. B；8. A；9. D；10. BCE

## 考点 60：楼板的构造

教材点睛 教材 P152 ～ 155

**1. 楼板构造**

```
                      ┌─ 面层 ─── 起保护结构层和装饰的作用，材料品种多样。
                      │
                      │                                              ┌─ 板式楼板
                      │                                              ├─ 梁板式楼板
                      │                              ┌─ 现浇整体式 ──┤
                      │                              │              ├─ 井式楼板
                      │                              │              └─ 无梁楼板
                      │                              │
                      │            ┌─ 钢筋混凝土楼板 ─┤              ┌─ 实心平板
                      │            │                 ├─ 预制装配式 ──┼─ 槽形板
  楼板构造 ──┼─ 结构层 ─┤                 │              └─ 空心板
                      │            │                 │
                      │            │                 └─ 装配整体式
                      │            │
                      │            └─ 压型钢板组合楼板 ── 用于大空间、高层民用建筑、大跨度工业厂房
                      │
                      ├─ 顶棚 ─── 主要功能：满足灯具安装、布置管线、装饰室内空间的需要。
                      │
                      │         ┌─ 隔声层
                      │         ├─ 防水层
                      └─ 附加层 ─┤
                                ├─ 保温层
                                └─ 隔热层
```

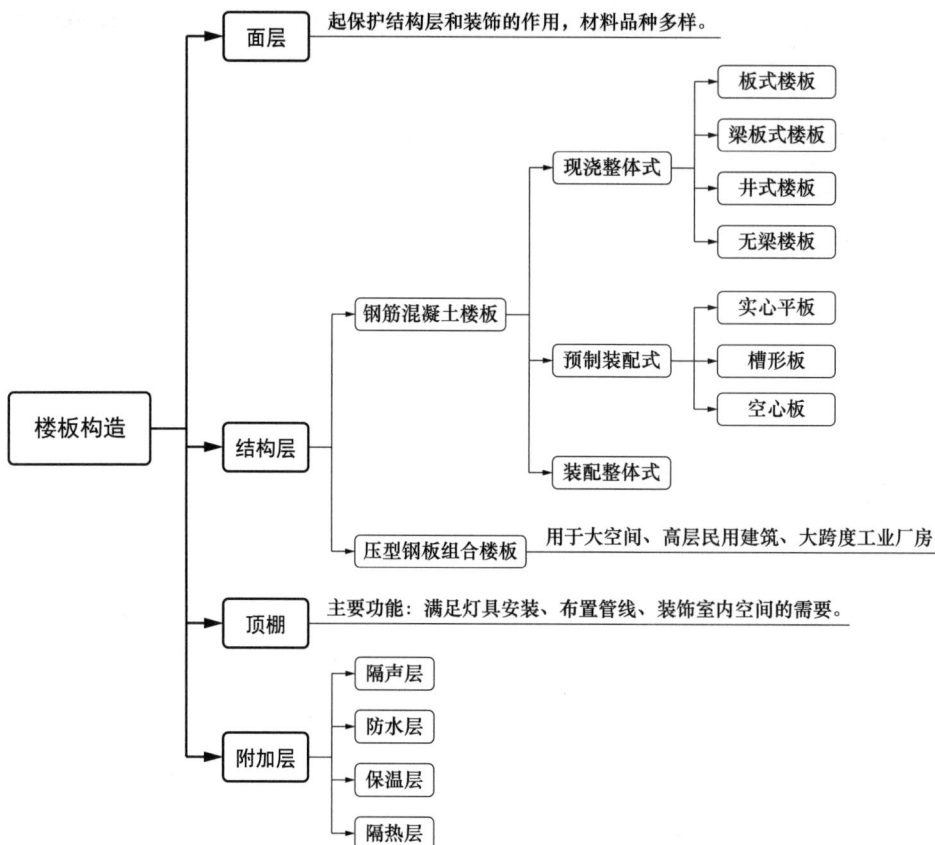

**2. 楼地面防水的基本构造**

（1）地面排水：地面应有一定的坡度，一般为 1%～1.5%，并设置地漏，进行有组织排水。有水房间地面完成面应比相邻房间地面低 10～20mm。

（2）地面防水：常见的防水材料有卷材、防水砂浆和防水涂料；地面防水层应沿周边向上泛起至少 150mm；当遇到门洞口时，应将防水层向外延伸 250mm 以上；穿越楼地面的竖向管道须预埋比竖管管径稍大的套管，高出地面 30mm 左右，并在缝隙内填塞弹性防水材料。

巩固练习

1.【判断题】楼面层对楼板结构起保护和装饰作用。　　　　　　　　　　（　　）
2.【单选题】大跨度工业厂房应用（　　）。

A. 钢筋混凝土楼板　　　　　　　　B. 压型钢板组合楼板

C. 木楼板　　　　　　　　　　　　D. 竹楼板

3.【单选题】平面尺寸较小的房间应用（　　　）。

A. 板式楼板　　　　　　　　　　　B. 梁板式楼板

C. 井式楼板　　　　　　　　　　　D. 无梁楼板

4.【单选题】下列对预制板的叙述错误的是（　　　）。

A. 空心板是一种梁板结合的预制构件

B. 槽形板是一种梁板结合的构件

C. 结构布置时应优先选用窄板，宽板作为调剂使用

D. 预制板的板缝内用细石混凝土现浇

5.【单选题】为了提高板的刚度，通常在板的两端设置（　　　）封闭。

A. 中肋　　　　　　　　　　　　　B. 劲肋

C. 边肋　　　　　　　　　　　　　D. 端肋

6.【单选题】对于防水要求较高的房间，应在楼板与面层之间设置防水层，并将防水层沿周边向上泛起至少（　　　）mm。

A. 100　　　　　　　　　　　　　B. 150

C. 200　　　　　　　　　　　　　D. 250

7.【多选题】下列说法中正确的是（　　　）。

A. 房间的平面尺寸较大时，应用板式楼板

B. 井字楼板有主梁、次梁之分

C. 平面尺寸较大且平面形状为方形的房间，应用井式楼板

D. 无梁楼板直接将板面荷载传递给柱子

E. 无梁楼板的柱网应尽量按井字网格布置

8.【多选题】对于板的搁置要求，下列说法中正确的是（　　　）。

A. 搁置在墙上时，支撑长度一般不能小于80mm

B. 搁置在梁上时，支撑长度一般不宜小于100mm

C. 空心板在安装前应在板的两端用砖块或混凝土堵孔

D. 板的端缝处理一般是用细石混凝土灌缝

E. 板的侧缝起着协调板与板之间的共同工作的作用

【答案】1. √；2. B；3. A；4. C；5. D；6. B；7. CD；8. CDE

## 考点 61：垂直交通设施的一般构造★

教材点睛　教材 P155 ～ 159

**1. 建筑垂直交通设施：**主要包括楼梯、电梯与自动扶梯。

**2. 楼梯：**由楼梯段、楼梯平台以及栏杆组成。其中，楼梯段和楼梯平台是楼梯的主要功能构件。

## 3. 楼梯的分类

```
                    ┌──────────────┐   ┌──────────────┐
                    │              │──→│ 钢筋混凝土楼梯 │
                    │              │   ├──────────────┤
                    │ 按楼梯材料分类 │──→│   钢楼梯      │
                    │              │   ├──────────────┤
                    │              │──→│   木楼梯      │
                    │              │   ├──────────────┤
                    │              │──→│  组合材料楼梯  │
                    └──────────────┘   └──────────────┘

                    ┌──────────────┐
              ┌────→│ 按楼梯位置分类 │  室内楼梯、室外楼梯
              │     └──────────────┘
 ┌──────┐     │     ┌──────────────────┐
 │ 楼梯 │─────┼────→│ 按楼梯的使用性质分类 │ 主楼梯、辅助楼梯、消防楼梯
 └──────┘     │     └──────────────────┘
              │     ┌────────────────────┐
              ├────→│ 按楼梯间平面形式分类  │ 开敞楼梯间、封闭楼梯间、防烟楼梯间
              │     └────────────────────┘
              │     ┌──────────────────┐   单跑直楼梯、双跑直楼梯
              └────→│ 按楼梯的平面形式分类 │   双跑平行楼梯、双分平行楼梯、双合平行楼梯
                    └──────────────────┘   三跑楼梯、转角楼梯、双分转角楼梯
                                           交叉楼梯、剪刀楼梯、螺旋楼梯
```

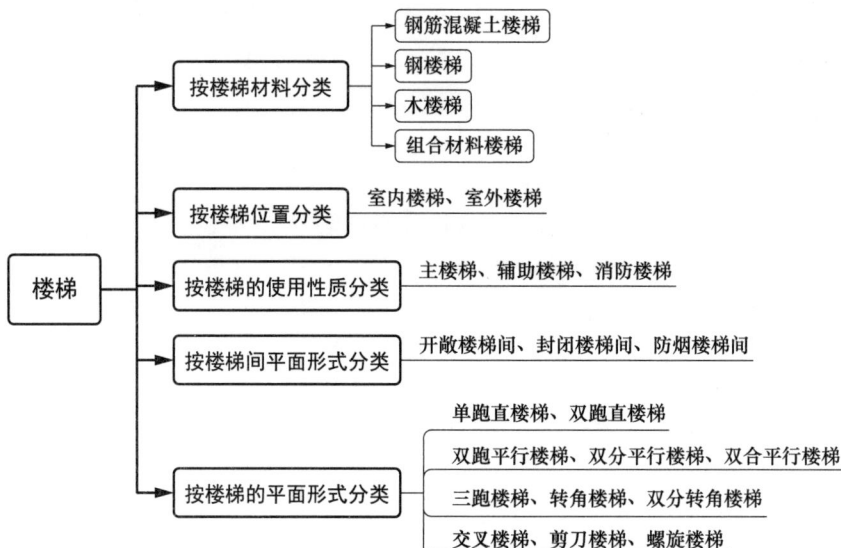

## 4. 钢筋混凝土楼梯的构造（分现浇和预制装配式两大类）

（1）现浇钢筋混凝土楼梯：整体性好、承载力强、刚度大，施工时无须大型起重设备；分为板式和梁式楼梯两种类型；板式楼梯适用于荷载较小或层高较小的建筑；梁式楼梯适用于荷载较大或层高较大的建筑。

（2）预制装配式钢筋混凝土楼梯：分为小型构件装配式和中大型构件装配式两种；常采用干式连接构造。

（3）楼梯的细部构造：包括踏步面层、踏步细部、栏杆和扶手。

## 5. 坡道及台阶构造

（1）台阶：踏步高度不宜小于 100mm，高差不足以设置台阶时，应用坡道连接；室外台阶应采用防滑面层。

（2）坡道：分为行车坡道和轮椅坡道两类，其中轮椅坡道是公共建筑和住宅必备的交通设施之一。

## 6. 电梯与自动扶梯构造

（1）电梯：由井道、机房和轿厢三部分组成。

（2）自动扶梯：由电机驱动、踏步与扶手同步运行，可上、下行，室内室外均可安装，停机时可作临时楼梯使用；布置方式有并联排列式、平行排列式、串联排列式、交叉排列式等。

巩固练习

1.【判断题】中、大型构件装配式楼梯一般把踏步板和平台板作为基本构件。（　　　　）

2. 【判断题】楼梯栏杆多采用金属材料制作。 （　　）

3. 【判断题】电梯机房应留有足够的管理、维护空间。 （　　）

4. 【单选题】不属于梁承式楼梯构件关系的是（　　）。

A. 踏步板搁置在斜梁上　　　　　　B. 平台梁搁置在两边侧墙上

C. 斜梁搁置在平台梁上　　　　　　D. 踏步板搁置在两侧的墙上

5. 【单选题】预制装配式钢筋混凝土楼梯根据（　　）可分为小型构件装配式楼梯和中大型构件装配式楼梯。

A. 组成楼梯的构件尺寸及装配程度　　B. 施工方法

C. 构件的质量　　　　　　　　　　　D. 构件的类型

6. 【单选题】不属于小型构件装配式楼梯的是（　　）。

A. 墙承式楼梯　　　　　　　　　　　B. 折板式楼梯

C. 梁承式楼梯　　　　　　　　　　　D. 悬臂式楼梯

7. 【多选题】下列关于坡道和楼梯的说法中，正确的是（　　）。

A. 坡道和爬梯是垂直交通设施

B. 一般认为 28° 左右是楼梯的适宜坡度

C. 楼梯平台的净宽度不应小于楼梯段的净宽，并且不小于 1.5m

D. 楼梯井宽度一般在 100mm 左右

E. 非主要通行的楼梯，应满足两个人相对通行的要求

8. 【多选题】下列关于坡道的说法中，正确的是（　　）。

A. 行车坡道是为了解决车辆进出或接近建筑而设置的

B. 普通行车坡道布置在重要办公楼、旅馆、医院等入口处

C. 光滑材料面层坡道的坡度一般不大于 1：3

D. 回车坡道通常与台阶踏步组合在一起，可以减少使用者下车之后的行走距离

E. 回车坡道的宽度与车道的回转半径及通行车辆的规格无关

【答案】1. ×；2. √；3. √；4. D；5. A；6. B；7. AD；8. AD

## 考点 62：屋顶的基本构造★

教材点睛　教材 P159～167

**1. 屋面结构与构造要求**：良好的围护功能；可靠的结构安全性；美观的艺术形象；施工和保养的便捷；保温（隔热）和防雨性能可靠；自重轻、耐久性好、经济合理。

**2. 屋顶的类型**

（1）按屋顶的外形分类：平屋顶、坡屋顶和曲面屋顶三种类型。

（2）按屋面防水材料分类：柔性防水屋面、刚性防水屋面、构件自防水屋面、瓦屋面。

**3. 屋顶的防水及排水构造**

（1）屋顶的排水方式：分为无组织排水和有组织排水（外排水、内排水）两种类型。

（2）平屋顶的防水构造：分为刚性防水屋面、柔性防水屋面两种类型。

1）刚性防水屋面构造：分为防水层、隔离层、找平层和结构层四个构造层次。

2）柔性防水屋面构造：分为保护层、防水层、找平层和结构层四个构造层次。

（3）坡屋顶面层做法有彩色压型钢板屋面、沥青瓦屋面、小青瓦（筒瓦）屋面、平瓦屋面、波形瓦屋面等。

**4. 屋顶的保温与隔热构造**

（1）平屋顶的保温构造

1）保温材料：分为散料（膨胀珍珠岩、炉渣等）、现场浇筑的拌合物和板块料（聚苯板、加气混凝土板、泡沫塑料板等）三种。

2）保温层位置：① 设置在结构层与防水层之间；② 设置在防水层上面；③ 设置在保温层与结构层结合处。

（2）平屋顶的隔热构造：有设置架空隔热层、利用实体材料隔热、利用材料反射降温隔热三种形式。

（3）坡屋顶保温按放置位置：分为上弦保温、下弦保温和构件自保温三种形式。

（4）坡屋顶的隔热构造：通常设置"黑顶棚"或带架空层的双层坡屋面，在山墙设窗或在屋面设置老虎窗作为进风口，在屋脊处设排风口，利用压力差组织空气对流。

**5. 屋顶的细部构造**

（1）平屋顶的细部构造：包括泛水构造、分仓缝构造、雨水口构造、檐口构造等。

（2）坡屋顶的细部构造：包括檐口、山墙、天沟以及通风道、老虎窗等出屋面的泛水构造。

巩固练习

1.【判断题】屋顶主要起承重和围护作用，它对建筑的外观和体型没有影响。

（　　）

2.【判断题】无组织排水常用于建筑标准较低的低层建筑或雨水较少的地区。

（　　）

3.【判断题】保温层只能设在防水层下面，不能设在防水层上面。　（　　）

4.【单选题】下列关于屋顶的叙述中，错误的是（　　）。

A. 屋顶是房屋最上部的外围护构件　　B. 屋顶是建筑造型的重要组成部分

C. 屋顶对房屋起水平支撑作用　　D. 结构形式与屋顶坡度无关

5.【单选题】"倒铺法"保温的构造层次依次是（　　）。

A. 保温层　防水层　结构层　　　　B. 防水层　结构层　保温层

C. 防水层　保温层　结构层　　　　D. 保温层　结构层　防水层

6.【单选题】泛水要具有足够的高度，一般不小于（　　）mm。

A. 100　　　　　　　　　　　　　B. 200

C. 250　　　　　　　　　　　　　D. 300

7.【多选题】屋顶按屋面的防水材料分为（　　）。

A. 柔性防水屋面　　　　　　　　　B. 刚性防水屋面

C. 构件自防水屋面　　　　　　　　D. 塑胶防水屋面

E. 瓦屋面

8.【多选题】下列说法中正确的是（　　）。

A. 有组织排水速度比无组织排水慢、构造比较复杂、造价也高

B. 有组织排水时会在檐口处形成水帘，落地的雨水四溅，对建筑勒脚部位影响较大

C. 寒冷地区冬期适用无组织排水

D. 有组织排水适用于周边比较开阔、低矮（一般建筑不超过 10m）的次要建筑

E. 有组织排水中雨水的排除过程是在事先规划好的途径中进行的，克服了无组织排水的缺点

9.【多选题】下列材料中可用做屋面防水层的是（　　）。

A. 沥青卷材　　　　　　　　　　　B. 水泥砂浆

C. 细石混凝土　　　　　　　　　　D. 碎砖灌浆

E. 聚氨酯防水涂料

【答案】1. ×；2. √；3. ×；4. D；5. A；6. C；7. ABCE；8. AE；9. ACE

## 考点 63：变形缝的构造 ★

教材点睛　教材 P167～170

**1. 变形缝：**包括伸缩缝（温度缝）、沉降缝和防震缝三种缝型。

**2. 伸缩缝**（温度缝）

（1）作用：防止因环境温度变化引起的变形对建筑产生破坏作用而设置。

（2）伸缩缝的设置原则：尽量设置在建筑中段；两个独立的结构与构造单元之间；建筑横墙对位的部位。

（3）伸缩缝的细部构造（宽度为 20～30mm）

1）墙体伸缩缝的构造：缝型主要有平缝、错口缝和企口缝三种；外墙外表面缝口用薄金属板或油膏进行盖缝处理，内表面及内墙缝口用装饰效果较好的木条或金属条盖缝；缝内填充柔性保温材料。

2）楼地面伸缩缝的构造：缝内采用弹性材料做嵌固处理。地面缝口用金属、橡胶或塑料压条盖缝，顶棚缝口用木条、金属压条或塑料压条盖缝。

3）屋面伸缩缝的构造：与屋面的防水构造类似。

**3. 沉降缝**

（1）作用：防止由于建筑不均匀沉降引起的变形带来的破坏作用而设置，可代替伸缩缝发挥作用。

（2）沉降缝的设置：根据地基情况、建筑自重、结构形式的差异、施工期的间隔等因素确定。

（3）沉降缝的细部构造：与伸缩缝细部构造类似。

**4. 防震缝**

（1）作用：提高建筑的抗震能力，避免或减少地震对建筑的破坏作用而设置。

（2）防震缝的构造处理：防震缝的基础一般不需要断开。在实际工程中，往往把防震缝与沉降缝、伸缩缝统一布置，以使结构和构造的问题一并解决。重点确保盖缝条的牢固性以及对变形的适应能力。

## 巩固练习

1.【判断题】沉降缝与伸缩缝的主要区别在于墙体是否断开。　　　　　　（　　）

2.【判断题】沉降缝是为了防止不均匀沉降对建筑带来的破坏作用而设置的，其缝宽应大于100mm。　　　　　　（　　）

3.【判断题】伸缩缝可代替沉降缝。　　　　　　（　　）

4.【单选题】伸缩缝是为了预防（　　　　）对建筑物的不利影响而设置的。

A. 荷载过大　　　　　　　　　　B. 地基不均匀沉降

C. 地震　　　　　　　　　　　　D. 温度变化

5.【单选题】温度缝又称伸缩缝，是将建筑物（　　　　）断开。 Ⅰ. 地基基础　Ⅱ. 墙体　Ⅲ. 楼板　Ⅳ. 楼梯　Ⅴ. 屋顶

A. Ⅰ、Ⅱ、Ⅲ　　　　　　　　　B. Ⅰ、Ⅲ、Ⅴ

C. Ⅱ、Ⅲ、Ⅳ　　　　　　　　　D. Ⅱ、Ⅲ、Ⅴ

6.【单选题】下列关于变形缝说法，正确的是（　　　　）。

A. 伸缩缝基础埋于地下，虽然受气温影响较小，但必须断开

B. 沉降缝从房屋基础到屋顶全部构件断开

C. 一般情况下防震缝以基础断开设置为宜

D. 不可以将上述三缝合并设置

7.【单选题】防震缝的设置是为了预防（　　　　）对建筑物的不利影响而设计的。

A. 温度变化　　　　　　　　　　B. 地基不均匀沉降

C. 地震　　　　　　　　　　　　D. 荷载过大

8.【单选题】下列关于防震缝说法，不正确的是（　　　　）。

A. 防震缝不可以代替沉降缝

B. 防震缝应沿建筑的全高设置

C. 一般情况下防震缝以基础断开设置为宜

D. 建筑物相邻部分的结构刚度和质量相差悬殊时应设置防震缝

9.【多选题】下列关于变形缝的描述中，（　　）是不正确的。

A. 伸缩缝可以兼作沉降缝

B. 伸缩缝应将结构从屋顶至基础完全分开，使缝两边的结构可以自由伸缩，互不影响

C. 凡应设变形缝的厨房，二缝宜合一，并应按沉降缝的要求加以处理

D. 防震缝应沿厂房全高设置，基础可不设缝

E. 屋面伸缩缝主要是解决防水和保温的问题

【答案】1. ×；2. ×；3. ×；4. D；5. D；6. B；7. C；8. C；9. ABCE

## 考点 64：幕墙的一般构造 ★

**教材点睛** 教材 P170～173

**1. 幕墙的特点**

（1）装饰效果好、造型美观，丰富了墙面装饰的类别；

（2）通常采用拼装组合式构件、施工速度快，维护方便；

（3）自重较轻，具有较好的物理性能；

（4）造价偏高，施工难度较大，部分玻璃幕墙的技能效果不理想，存在光污染现象。

**2. 玻璃幕墙构造**

（1）按安装骨架或玻璃固定方式分为：有框式玻璃幕墙、点式玻璃幕墙、全玻璃式幕墙。

（2）玻璃幕墙主要材料构成有：玻璃、支撑材料、连接构件和粘结密封材料。

（3）玻璃幕墙构造要求：应具有良好的结构安全性，满足防雷、防火、通风换气等要求。

**3. 石材幕墙构造**

（1）石材幕墙的分类

1）按照面板分类：可以分为天然石材幕墙和人造石材幕墙两种。

2）按照安装体系分类：可以分为有骨架体系和无骨架体系两种。

（2）石材幕墙构造要求：饰面板材与主体结构之间一般需要留有 80～100mm 的空隙。墙面线脚、门窗洞口处、墙面转角处进行专门的设计和排版。

**4. 金属幕墙构造**

（1）按照固定面板的方式不同，分为附着式和骨架式两种类型。

1）附着式金属幕墙是把金属面板直接安装在主体结构的固定件上。

2）骨架式金属幕墙是把金属面板安装在支撑骨架上，类似于隐框玻璃幕墙的构造。

（2）骨架式金属幕墙的构造：一般采用铝合金骨架，与建筑主体结构（如墙体、柱、梁等）连接固定，然后把金属面板通过连接件固定在骨架上，也可以把若干块金属面板组合固定在框格上，然后再固定。

1.【判断题】幕墙既可以作为墙体的外装饰，又可以作为建筑的围护结构。（　　）

2.【判断题】有框式玻璃幕墙存在骨架与主体建筑为刚性连接，受建筑变形影响大的缺陷。　　　　　　　　　　　　　　　　　　　　　　　　　　　　（　　）

3.【判断题】无骨架体系石材幕墙是普遍采用的一种体系。　　　　（　　）

4.【单选题】下列不属于玻璃幕墙的是（　　）。

A. 有框式玻璃幕墙　　　　　　　　B. 有骨架式幕墙

C. 点式玻璃幕墙　　　　　　　　　D. 全玻璃式幕墙

5.【单选题】既可以用在室外，也可以用在室内的石材幕墙为（　　）。

A. 天然石材幕墙　　　　　　　　　B. 人造石材幕墙

C. 有骨架石材幕墙　　　　　　　　D. 无骨架石材幕墙

6.【单选题】把金属板直接安装在主体结构的固定件上的是（　　）。

A. 骨架式金属幕墙　　　　　　　　B. 附着式金属幕墙

C. 薄铝板幕墙　　　　　　　　　　D. 不锈钢板幕墙

7.【多选题】下列关于幕墙特点的说法中，正确的是（　　）。

A. 装饰效果好、造型美观

B. 通常采用整体式构件，施工速度快

C. 自重较轻，具有较好的物理性能

D. 造价偏高，施工难度较大

E. 存在光污染现象

8.【多选题】下列关于幕墙的说法中，正确的是（　　）。

A. 保证幕墙与建筑主体之间连接牢固

B. 形成自身防雷体系，不用与主体建筑的防雷装置有效连接

C. 幕墙后侧与主体建筑之间不能存在缝隙

D. 在幕墙与楼板之间的缝隙内填塞岩棉，并用耐热钢板封闭

E. 幕墙的通风换气可以用开窗的办法解决

9.【多选题】下列关于幕墙的说法中，正确的是（　　）。

A. 饰面板材与主体结构之间不存在缝隙

B. 利用高强度、耐腐蚀的连接铁件把板材固定在金属支架上

C. 饰面板材与主体结构之间一般需要用密封胶嵌缝

D. 安装幕墙时留出必要的安装空间

E. 安装幕墙时对墙面线脚、门窗洞口处、墙面转角处进行专门的设计和排板

【答案】1. √；2. √；3. ×；4. B；5. A；6. B；7. ACDE；8. ACDE；9. BDE

**考点 65：民用建筑室内装饰构造●**

教材点睛 教材 P173 ～ 183

**1. 建筑室内地面的装饰构造**

（1）基本要求：坚固耐磨、热工性能好、具有一定的弹性、隔声能力强、其他特殊要求（防潮防水）等。

（2）地面组成：面层、结构层或垫层、基土或基层、附加层（防潮防水层、管线敷设层、保温隔热层等）。

（3）地面常见的装饰构造分为四种类型：整体地面（水泥砂浆地面、水磨石地面等）、块材地面（陶瓷类板块地面、天然石材地面、人造石材地面、木地板等）、卷材地面（软质聚氯乙烯塑料地毡、橡胶地毡、地毯等）和涂料地面（油漆、人工合成高分子涂料等）。

**2. 建筑室内墙面的装饰构造**

（1）墙面装饰的构造要求：具有良好的色彩、观感和质感、便于清扫和维护；满足使用功能对室内光线、音质的要求；室外装饰应选择强度高、耐候性好的装饰材料；施工方便、节能环保、造价合理。

（2）墙面常见的装饰构造：抹灰类墙面、贴面类墙面（饰面砖墙面、陶瓷锦砖墙面、石板墙面）、涂刷类墙面（无机涂料墙面、有机涂料墙面）、裱糊类墙面（PVC 塑料壁纸墙面、复合壁纸墙面、玻璃纤维墙面）、铺钉类墙面（木骨架结构墙面、金属骨架结构墙面）。

**3. 顶棚的一般装饰构造**

（1）顶棚装饰的构造要求：具有良好的装饰效果，满足室内空间的需要；具有足够的防火能力，满足有关的技术要求；能够解决室内音质、照明的要求，有时还要满足隔热、通风等要求。

（2）常见顶棚的装饰构造：直接顶棚（抹灰顶棚、直接铺钉饰面板顶棚）、吊顶棚（轻钢龙骨吊顶、矿棉吸声板吊顶、金属方板吊顶、开敞式吊顶）。

巩固练习

1.【判断题】民用建筑地面装饰的构造要求是坚固耐磨、硬度适中、热工性能好、隔声能力强等。　　　　　　　　　　　　　　　　　　　　　　　　（　　　）

2.【判断题】地面常见的装饰构造有整体地面、块材地面、卷材地面和涂料地面。
　　　　　　　　　　　　　　　　　　　　　　　　　　　　　　　　（　　　）

3.【单选题】墙面常见的装饰构造不包括（　　　）。

A. 涂刷类墙面　　　　　　　　　　　　B. 抹灰类墙面

C. 贴面类墙面　　　　　　　　　　　　D. 浇筑类墙面

4.【单选题】下列选项中属于整体地面的是（　　　）。

A. 釉面地砖地面；抛光砖地面      B. 抛光砖地面；现浇水磨石地面

C. 水泥砂浆地面；抛光砖地面      D. 水泥砂浆地面；现浇水磨石地面

5.【单选题】面砖粘贴时，要抹（     ）打底。

A. 15mm 厚 1:3 水泥砂浆      B. 10mm 厚 1:2 水泥砂浆

C. 10mm 厚 1:3 水泥砂浆      D. 15mm 厚 1:2 水泥砂浆

6.【单选题】下列不属于直接顶棚的是（     ）。

A. 直接喷刷涂料顶棚      B. 直接铺钉饰面板顶棚

C. 直接抹灰顶棚      D. 吊顶棚

7.【多选题】地面装饰的分类包括（     ）。

A. 水泥砂浆地面      B. 抹灰地面

C. 陶瓷砖地面      D. 水磨石地面

E. 塑料地板

8.【多选题】下列不属于墙面装饰的基本要求的是（     ）。

A. 装饰效果好      B. 适应建筑的使用功能要求

C. 防止墙面裂缝      D. 经济可靠

E. 防水防潮

9.【多选题】按照施工工艺不同，顶棚装饰可分为（     ）。

A. 抹灰类顶棚      B. 石膏板顶棚

C. 裱糊类顶棚      D. 木质板顶棚

E. 贴面类顶棚

【答案】1. √；2. √；3. D；4. D；5. A；6. D；7. ACDE；8. CE；9. ACE

## 考点 66：民用建筑常用门窗的构造 ●

教材点睛   教材 P183 ～ 191

**1. 门在建筑中的作用**：正常通行和安全疏散；隔离与围护；装饰建筑空间；间接采光和实现空气对流。

**2. 窗在建筑中的作用**：采光和日照；通风；围护；装饰建筑空间。

**3. 塑钢门窗的基本构造**

（1）主要特点：具有良好的热工性能和密闭性能，防火性能好，耐潮湿、耐腐蚀。

（2）基本构造：单层框、双层玻璃。在严寒地区，可采用三层玻璃。

（3）彩色塑钢窗：包括双色共挤彩色塑钢窗、彩色薄膜塑钢窗、喷塑着色彩色塑钢窗三种类型。

（4）铝塑门窗：具有外形美观、气密性好、隔声效果好、节能效果好的特点。

**4. 铝合金窗的基本构造**

（1）主要特点：自重轻、强度高、外形美观、色彩多样、加工精度高、密封性能好、耐腐蚀、易保养。

**教材点睛** 教材 P183～191（续）

（2）常见的开启方式有平开、地弹簧、滑轴平开、上悬式平开、上悬式滑轴平开、推拉等。

**5. 门窗与建筑主体的连接构造**

（1）塑钢门窗与墙体的连接：固定铁件连接或射钉、塑料及金属膨胀螺钉固定。框料和墙体间缝隙应用泡沫塑料发泡剂嵌缝填实，接缝表面用玻璃胶封闭。

（2）铝合金门窗与墙体的连接：采用预埋铁件、燕尾铁脚、金属膨胀螺栓、射钉等固定方法。收口方式同塑料窗。

（3）木门窗与墙体的连接：木框与墙体接触部位及预埋的木砖均应事先做防腐处理，外门窗还要用毛毡或其他密封材料嵌缝。

**6. 门窗口装饰构造**：最常用的装饰方法是做包口装饰，包口材料有纯实木、木质装饰面板和金属面板贴面。

**巩固练习**

1.【判断题】门在建筑中的作用主要是解决建筑内外之间、内部各个空间之间的交通联系。　　　　　　　　　　　　　　　　　　　　　　　　　　　（　　　）

2.【判断题】立口具有施工速度快，门窗框与墙体连接紧密、牢固的优点。（　　　）

3.【单选题】下列关于门窗的叙述错误的是（　　　）。

A. 门窗是建筑物的主要围护构件之一

B. 门窗都有采光和通风的作用

C. 窗必须有一定的窗洞口面积；门必须有足够的宽度和适宜的数量

D. 我国门窗主要依靠手工制作，没有标准图可供使用

4.【单选题】下列不属于塑料门窗的材料的是（　　　）。

A. PVC　　　　　　　　　　　　B. 添加剂

C. 橡胶　　　　　　　　　　　　D. 氯化聚乙烯

5.【单选题】塞口处理不好容易形成（　　　）。

A. 热桥　　　　　　　　　　　　B. 裂缝

C. 渗水　　　　　　　　　　　　D. 腐蚀

6.【多选题】下列说法中正确的是（　　　）。

A. 门在建筑中的作用主要是正常通行和安全疏散，但没有装饰作用

B. 门的最小宽度应能满足两人相对通行

C. 大多数房间门的宽度应为 900～1000mm

D. 当门洞的宽度较大时，可以采用双扇门或多扇门

E. 门洞的高度一般在 1000mm 以上

7.【多选题】下列关于铝合金门窗的基本构造的说法中，正确的是（　　　）。

A. 铝合金门的开启方式多采用地弹簧自由门

B. 铝合金门窗玻璃的固定有空心铝压条和专用密封条两种方法

C. 现在大部分铝合金门窗玻璃的固定采用空心铝压条

D. 平开、地弹簧、直流拖动都是铝合金门窗的开启方式

E. 采用专用密封条会直接影响窗的密封性能

8.【多选题】下列说法中正确的是（    ）。

A. 在寒冷地区要用泡沫塑料发泡剂嵌缝填实，并用玻璃胶封闭

B. 框料与砖墙连接时应采用射钉的方法固定窗框

C. 当框与墙体连接采用"立口"时，每间隔5m左右在边框外侧安置木砖

D. 当采用"塞口"时，一般是在墙体中预埋木砖

E. 木框与墙体接触部位及预埋的木砖均自然处理

【答案】1.√；2.×；3. D；4. C；5. B；6. CD；7. AB；8. AD

## 考点67：建筑室外装饰构造★●

教材点睛  教材P191～193

**1. 室外装饰的重点部位**：墙面、门窗、檐口和勒脚、阳台。

**2. 室外装饰主要分为**：抹灰类饰面（剁斧石、水刷石、干粘石、假面砖）、涂料类饰面（各类涂料、石漆、油漆）、贴面类饰面（面砖、马赛克、石材）、幕墙饰面（玻璃幕墙、金属幕墙、干挂石材墙面）四类。

**3. 室外装饰选材要求**：应具有良好的防水或耐水性能；具有可靠的耐候性，能够抵御阳光、高温、低温、风沙等不利因素的侵袭。

**4. 外墙面的装饰构造**

（1）抹灰及涂料墙面

1）墙面抹灰一般为两遍成活，当对平整度要求较高时，可三遍成活，即底灰层、中灰层、面灰层；抹灰时，应根据建筑立面门窗布设的情况预留分仓缝。

2）当外墙采用外保温复合墙体时，可在保温板外侧粘贴的纤维网上刮腻子，再涂刷涂料，不必抹灰。

（2）饰面砖墙面

1）主要饰面材料有：饰面砖、马赛克、文化石等。

2）饰面砖墙面构造分为三层，即底层、粘结层和饰面层。

3）粘结材料有：1∶2.5水泥砂浆，高粘结力的改性砂浆或成品粘结剂。

（3）板材墙面

1）特点：具有观感好、质感好、造型多样等优点。

2）典型的板材墙面有：玻璃幕墙、金属幕墙和石材幕墙。

（4）水刷石墙面：具有天然石材的观感，可采用不同颜色和质地的石子，形成不同的装饰效果。

（5）剁斧石墙面主要有主纹剁斧、花锤剁斧和棱点剁斧三种。

1.【判断题】室外装饰的重点部位有墙面、门窗、檐口和勒脚、阳台。　　（　　）

2.【判断题】室外饰面砖粘结材料有1：2.5水泥砂浆、高粘结力的改性砂浆或成品粘结剂。　　　　　　　　　　　　　　　　　　　　　　　　　　　　（　　）

3.【判断题】当外墙采用外保温复合墙体时，可在保温板外侧粘贴的纤维网上刮腻子，再涂刷涂料，不必抹灰。　　　　　　　　　　　　　　　　　　　　（　　）

4.【单选题】典型的外墙板材墙面不包括（　　　）。

A. 金属幕墙　　　　　　　　　　B. 玻璃幕墙

C. 饰面砖墙面　　　　　　　　　D. 石材幕墙

5.【单选题】下列不属于剁斧石墙面的是（　　　）。

A. 主纹剁斧　　　　　　　　　　B. 花锤剁斧

C. 棱点剁斧　　　　　　　　　　D. 斜纹剁斧

6.【单选题】最为常见的幕墙为（　　　）。

A. 金属板幕墙　　　　　　　　　B. 玻璃幕墙

C. 陶瓷板幕墙　　　　　　　　　D. 石材幕墙

7.【单选题】不属于室外墙体装饰分类的是（　　　）。

A. 涂料类饰面　　　　　　　　　B. 幕墙饰面

C. 裱糊类饰面　　　　　　　　　D. 抹灰类饰面

8.【多选题】下列关于金属板块墙面的说法中，正确的是（　　　）。

A. 金属幕墙是用薄铝板、复合铝板以及不锈钢板作为主材

B. 金属幕墙面板通过金属骨架或连接件与建筑主体结构相连

C. 金属面板只能通过连接件固定在骨架上

D. 金属面板可以把若干块金属面板组合固定在框格上

E. 金属面板一般采用铝合金骨架

9.【多选题】下列不属于室外装饰基本原则的是（　　　）。

A. 选择造价低、构造简单、施工方便的装饰材料

B. 与周边环境及原有建筑融合、协调

C. 能够反映建筑的功能、结构和材料特性

D. 合理选材，符合美学原则和构图规律

E. 适用于人的行为、审美规范

【答案】1. √；2. √；3. √；4. C；5. D；6. B；7. C；8. ABDE；9. AE

# 第二节 建筑结构的基本知识

**考点 68：基础●**

教材点睛 教材 P193～197

**1. 无筋扩展基础：**此类基础为刚性基础，几乎不可能发生挠曲变形。

**2. 扩展基础：**此类基础为柔性基础，有较好的抗弯能力，适用于"宽基浅埋"或有地下水的情况。

**3. 桩基础：**有较高的承载力和稳定性，良好的抗震性能，是减少建筑物沉降与不均匀沉降的良好措施。

（1）桩的分类

| 分类方式 | 分类名称 |
| --- | --- |
| 按形成方式分类 | 预制桩、灌注桩 |
| 按桩身材料分类 | 混凝土桩、钢桩和组合桩 |
| 按桩的使用功能分类 | 竖向抗压桩、水平受荷桩、竖向抗拔桩、复合受荷桩 |
| 按桩的承载性状分类 | 摩擦型桩、端承型桩 |
| 按成桩方法分类 | 挤土桩、部分挤土桩、非挤土桩 |
| 按承台底面的相对位置分类 | 高承台桩基、低承台桩基 |
| 按桩径的大小分类 | 小直径桩（$\phi \leqslant 250mm$）、中等直径桩（$\phi 250 \sim \phi 800mm$）、大直径桩（$\phi \geqslant 800mm$） |

（2）桩基的构造规定

1）摩擦型桩的中心距不宜小于桩身直径的 3 倍；扩底灌注桩的中心距不小于扩底直径的 1.5 倍，当扩底直径大于 2m 时，桩端净距不小于 1m；挤土桩桩距应考虑施工工艺的影响。

2）扩底灌注桩的扩底直径不宜大于桩身直径的 3 倍。

3）预制桩的混凝土强度等级不小于 C30；灌注桩不小于 C20；预应力桩不小于C40。

4）打入式预制桩的最小配筋率不小于 0.8%；静压预制桩的最小配筋率不小于0.6%；灌注桩的最小配筋率不小于 0.2%～0.65%（小直径取大值）。

5）桩顶嵌入承台内的长度不小于 50mm，主筋伸入承台内的锚固长度不小于Ⅰ级钢筋直径的 30 倍和Ⅱ级、Ⅲ级钢筋直径的 35 倍。

（3）承台形式常见的有柱下独立桩基承台、箱形承台、筏形承台、柱下梁式承台和墙下条形承台等。承台混凝土强度等级不小于 C20。

**4. 柱下条形基础：**当上部结构荷载较大、地基土的承载力较低时，常采用柱下条形基础。根据刚度的需要，可采用单向条形基础（仅沿纵向设置）或双向条形基础两种方式设置。

98

1.【判断题】无筋扩展基础都是脆性材料，有较好的抗压、抗拉、抗剪性能。

（　　）

2.【判断题】承台要有足够的强度和刚度。 （　　）

3.【单选题】刚性基础基本上不可能发生（　　）。

A. 挠曲变形 B. 弯曲变形

C. 剪切变形 D. 轴向拉压变形

4.【单选题】无筋扩展基础的外伸宽度与基础高度的比值小于规范规定的台阶宽高比的允许值，此类基础几乎不可能发生挠曲变形，所以常称为（　　）基础。

A. 柔性 B. 刚性

C. 抗弯 D. 抗剪

5.【单选题】扩展基础特别适用于（　　）的情况。

A. 砂卵石 B. 流沙

C. 有地下水 D. 盐渍土

6.【单选题】桩基础按使用功能分类不包括（　　）。

A. 端承桩 B. 竖向抗拔桩

C. 水平受荷桩 D. 竖向抗压桩

7.【单选题】关于桩基础板式承台的构造要求错误的是（　　）。

A. 按双向通长配筋 B. 混凝土强度等级不低于 C40

C. 承台厚度不小于 300mm D. 承台宽度不小于 500mm

8.【多选题】下列关于扩展基础的说法中，正确的是（　　）。

A. 锥形基础边缘高度不宜小于 200mm

B. 阶梯形基础的每阶高度宜为 200～500mm

C. 垫层的厚度不宜小于 90mm

D. 扩展基础底板受力钢筋的最小直径不宜小于 10mm

E. 扩展基础底板受力钢筋的间距宜为 100～200mm

9.【多选题】按桩的使用功能分类，桩可分为（　　）。

A. 高承台桩基 B. 竖向抗压桩

C. 水平受荷桩 D. 竖向抗拔桩

E. 复合受荷桩

【答案】1. ×；2. √；3. A；4. B；5. C；6. A；7. B；8. ADE；9. BCDE

**考点 69：混凝土结构构件的受力 ●**

教材点睛 | 教材 P197～209

**1. 混凝土结构的分类：**有素混凝土、钢骨混凝土、钢筋混凝土、钢管混凝土、预应力混凝土等结构。

**2. 钢筋混凝土结构**

（1）特点：优点是可以就地取材，合理用材、经济性好，耐久性和耐火性好，维护费用低，可模性好，整体性好，通过合适的配筋可获得较好的延性；缺点是自重大、抗裂性差，不适用于大跨、高层结构。

（2）配筋的作用：混凝土和钢材结合在一起，可以取长补短，充分利用材料的性能。

（3）钢筋与混凝土共同工作的条件：良好的粘结力、相近的膨胀系数、混凝土的碱性环境。

**3. 构件的基本受力形式：**分为受弯、受扭以及纵向受力构件三种。

（1）钢筋混凝土受弯构件（梁、板）

1）构件承载力为剪力和弯矩；在梁的计算简图中，梁上荷载简化为轴线上的集中荷载或分布荷载，支座约束简化为可动铰支座、固定铰支座或固定端支座。

2）钢筋混凝土受弯构件构造要求：满足承载力、刚度和裂缝控制要求，同时还应利于模板定型化；梁的截面形式有矩形、T 形、倒 T 形、L 形、工字形、十字形、花篮形等。板按截面形式有矩形板、空心板、槽形板等。

3）钢筋混凝土梁、板的配筋：① 梁包括纵向受力及构造钢筋、弯起钢筋、箍筋、架立钢筋、拉筋等；② 板包括纵向受力钢筋、分布钢筋等。

（2）钢筋混凝土纵向受力构件（柱）

1）构件受力为轴心或偏心压力；截面形式有正方形、矩形、圆形及多边形。

2）构造要求：① 材料：混凝土宜采用 C20 以上强度等级；钢筋宜用 HRB400 级或 RRB400 级；② 配筋构造：受力钢筋接头宜设置在受力较小处；相邻纵向受力钢筋接头位置宜相互错开；变截面时，可在梁高范围内将下柱的纵筋弯折伸入上层柱纵筋搭接；③ 箍筋可采用螺旋筋或焊接环筋。

（3）钢筋混凝土受扭构件（悬挑构件）

1）受扭构件的内力：力偶（集中外力偶、均布外力偶）

2）钢筋混凝土受扭构件的构造要求：① 纵向受扭钢筋沿截面周边均匀对称布置，间距不大于 200mm；支座内的锚固长度按受拉钢筋考虑；② 箍筋做成封闭式，末端做成 135° 弯钩，弯钩端平直长度 ≥ 10$d$。

巩固练习

1.【判断题】雨篷板是受弯构件。 （　　）

2. 【判断题】梁、板的截面尺寸应利于模板定型化。　　　　　　　　　（　　　）

3. 【判断题】集中外力偶弯曲平面与杆件轴线垂直。　　　　　　　　　（　　　）

4. 【单选题】在混凝土中配置钢筋，主要是由两者的（　　　）决定的。

A. 力学性能和环保性　　　　　　　　B. 力学性能和经济性

C. 材料性能和经济性　　　　　　　　D. 材料性能和环保性

5. 【单选题】下列用轴心受压构件截面法求轴力的步骤为（　　　）。

A. 列平衡方程→取脱离体→画轴力图　B. 取脱离体→画轴力图→列平衡方程

C. 取脱离体→列平衡方程→画轴力图　D. 画轴力图→列平衡方程→取脱离体

6. 【单选题】由于箍筋在截面四周受拉，所以应做成（　　　）。

A. 封闭式　　　　　　　　　　　　　B. 敞开式

C. 折角式　　　　　　　　　　　　　D. 开口式

7. 【多选题】下列用截面法计算指定截面剪力和弯矩的步骤不正确的是（　　　）。

A. 计算支反力→截取研究对象→画受力图→建立平衡方程→求解内力

B. 建立平衡方程→计算支反力→截取研究对象→画受力图→求解内力

C. 截取研究对象→计算支反力→画受力图→建立平衡方程→求解内力

D. 计算支反力→建立平衡方程→截取研究对象→画受力图→求解内力

E. 计算支反力→截取研究对象→建立平衡方程→画受力图→求解内力

8. 【多选题】设置弯起筋的目的，以下说法正确的是（　　　）。

A. 满足斜截面抗剪要求　　　　　　　B. 满足斜截面抗弯要求

C. 充当支座负纵筋，承担支座负弯矩　D. 为了节约钢筋，充分利用跨中纵筋

E. 充当支座负纵筋，承担支座正弯矩

9. 【多选题】下列说法中正确的是（　　　）。

A. 圆形水池是轴心受拉构件

B. 偏心受拉构件和偏心受压构件的变形特点相同

C. 排架柱是轴心受压构件

D. 框架柱是偏心受拉构件

E. 偏心受拉构件和偏心受压构件都会发生弯曲变形

【答案】1. √；2. √；3. √；4. B；5. C；6. A；7. BCDE；8. ACD；9. ADE

## 考点 70：现浇混凝土结构楼盖 ●

教材点睛　教材 P209 ～ 211

**1. 钢筋混凝土现浇楼盖的特点**

（1）优点：整体刚性好，抗震性好，防水性能好，结构布置灵活。

（2）缺点：施工速度慢，耗费模板多，受施工季节影响大。

**2. 按楼板受力和支承条件的不同，现浇钢筋混凝土楼盖分为**：肋形楼盖、无梁楼盖和井字楼盖。

**3. 结构的基本要求**

（1）板的构造要求

1）板厚：从经济角度考虑，在保证刚度的前提下，应尽可能接近构造要求的最小板厚。

2）板的配筋方式：连续板中受力钢筋的弯起点和截断点应按弯矩包络图及抵抗弯矩图确定。

（2）构造钢筋的构造要求

1）嵌固于墙内板的板面附加钢筋：为避免沿墙边产生板面裂缝，应在支承周边配置上部构造钢筋。

2）嵌固在砌体墙内的板：详见图7-84。【P210】

3）楼板孔洞边配筋要求：当孔洞直径≤300mm，不断筋，直接掰弯即可；当300mm＜孔洞直径≤1000mm，断筋，并在洞口周边增设构造钢筋；当孔洞直径＞1000mm，断筋，并在洞口周边增设构造梁。

（3）主梁的构造要求：主梁的一般构造要求与次梁相同，但应通过在弯矩包络图上画抵抗弯矩图来确定，主梁伸入墙内的长度不小于370mm，并设置附加箍筋。

巩固练习

1.【判断题】按楼板受力和支承条件的不同，现浇楼盖分为单向板和双向板（　　）

2.【判断题】肋形楼盖荷载传递的途径都是：板→次梁→主梁→柱或墙→基础→地基。

（　　）

3.【单选题】下列不属于现浇混凝土楼盖缺点的是（　　）。

A. 养护时间长 B. 结构布置多样

C. 施工速度慢 D. 施工受季节影响大

4.【单选题】当板的长边尺寸与短边尺寸之比（　　）时，荷载基本沿长边方向传递，称为单向板。

A. ＞3 B. ＞1

C. ＞2 D. ＞4

5.【单选题】肋形楼盖组成不包括（　　）。

A. 次梁 B. 板

C. 主梁 D. 钢梁

6.【单选题】单向板肋形楼盖为避免支座处钢筋间距紊乱，通常跨中和支座的钢筋采用（　　）。

A. 相同间距或成倍间距 B. 1/2间距

C. 1/3间距 D. 1/4间距

7.【单选题】无梁楼盖的特点不包括（　　）。

A. 通风采光条件好       B. 房间净空高

C. 用钢量较少       D. 支模简单

8.【单选题】井式楼盖不适用于（     ）。

A. 餐厅       B. 房间平面形状接近正方形

C. 公共建筑的门厅       D. 厂房

9.【多选题】下列属于构造钢筋的构造要求的是（     ）。

A. 为避免墙边产生裂缝，应在支承周边配置上部构造钢筋

B. 嵌固于墙内板的板面附加钢筋直径大于等于 10mm

C. 沿板的受力方向配置的上部构造钢筋，可根据经验适当减少

D. 嵌固于墙内板的板面附加钢筋间距大于等于 200mm

E. 沿非受力方向配置的上部构造钢筋，可根据经验适当减少

【答案】1. ×；2. √；3. B；4. C；5. D；6. A；7. C；8. D；9. AE

## 考点 71：钢结构 ●

**教材点睛** 教材 P211～216

**1. 钢结构的特点**：具有强度高，结构自重轻；塑性、韧性好；材质均匀；工业化程度高；可焊性好；耐腐蚀性差；耐火性差；钢结构在低温和其他条件下，可能发生脆性断裂等特点。

**2. 钢结构适用范围**：主要应用于大跨度结构，重型厂房结构，受动力荷载作用的厂房结构，多层、高层和超高层建筑，高耸结构，板壳结构和可拆卸结构。

**3. 建筑行业常见的钢材型号**：有 Q235、Q345 和 Q390。

**4. 构件的连接**

（1）钢结构的连接方式有：焊接连接、铆钉连接、螺栓连接三种形式。

（2）焊接连接

1）优点是对几何形体适应性强，构造简单，不削弱截面，省材省工，自动化程度和工效高；缺点是焊接残余应力大且不易控制，焊接变形大对材质要求高，焊接程序严格，质量检验工作量大。

2）按焊缝的形式分为：对接焊缝和直角焊缝（角焊）。

3）对接焊缝按受力与焊缝方向分为：直缝、斜缝。

4）角焊缝按受力与焊缝方向分为：侧缝、端缝、斜缝。

5）按施工位置分为：俯焊、立焊、横焊、仰焊。

（3）铆钉连接：优点是传力可靠，韧性和塑性好，质量易于检查，抗动力荷载好；缺点是费钢、费工。

（4）螺栓连接

1）优点是装卸便利，设备简单；缺点是螺栓精度低时不宜受剪，螺栓精度高时加工和安装难度较大。采用高强度螺栓可以解决普通螺栓的缺憾，但造价较高。

2）螺栓连接形式：分为并列和错列两种。

3）螺栓在构件上的排列应满足受力、构造和施工要求：包括受力要求、构造要求、施工要求。

**5. 构件的受力**

（1）钢结构构件：主要包括钢柱和钢梁。

（2）钢柱的受力形式：主要有轴向拉伸或压缩和偏心拉压。

（3）钢梁的受力形式：主要有拉弯和压弯组合受力。

## 巩固练习

1.【判断题】螺栓在构件上排列应简单、统一、整齐而紧凑。　　　（　　）

2.【判断题】钢结构是通过焊接、铆接、螺栓连接等方式而组成的结构。（　　）

3.【单选题】钢结构焊接连接的缺点不包括（　　　）。

A. 焊接残余应力大且不易控制　　　　B. 焊接程序严格，质量检验工作量大

C. 焊接变形大，对材质要求高　　　　D. 摩擦面处理复杂

4.【单选题】按照角焊缝受力与焊缝方向，钢结构焊缝的分类不包括（　　　）。

A. 端缝　　　　　　　　　　　　　　B. 侧缝

C. 角焊缝　　　　　　　　　　　　　D. 斜缝

5.【单选题】钢结构三级焊缝需（　　　）合格。

A. 超声波探伤　　　　　　　　　　　B. 外观检查

C. 电火花检验　　　　　　　　　　　D. X 射线检验

6.【单选题】以钢板、型钢、薄壁型钢制成的构件是（　　　）。

A. 排架结构　　　　　　　　　　　　B. 钢结构

C. 楼盖　　　　　　　　　　　　　　D. 配筋

7.【多选题】钢结构主要应用于（　　　）。

A. 重型厂房结构　　　　　　　　　　B. 可拆卸结构

C. 低层建筑　　　　　　　　　　　　D. 板壳结构

E. 普通厂房结构

8.【多选题】下列属于螺栓的受力要求的是（　　　）。

A. 在受力方向螺栓的端距过小时，钢材有剪断或撕裂的可能

B. 在受力方向螺栓的端距过大时，钢材有剪断或撕裂的可能

C. 各排螺栓距和线距太小时，构件有沿折线或直线破坏的可能

D. 各排螺栓距和线距太大时，构件有沿折线或直线破坏的可能

E. 对受压构件，当沿作用线方向螺栓间距过大时，被连板间易发生鼓曲和张口现象

【答案】1. √；2. √；3. D；4. C；5. C；6. B；7. ABD；8. ACE

## 考点 72：砌体结构知识 ●

> **教材点睛** 教材 P216 ～ 220

**1. 砌体结构的材料及强度等级**

（1）砖的分类：烧结普通砖，强度等级分为 MU30、MU25、MU20、MU15 和 MU10 五级；非烧结硅酸盐砖，常用的有蒸压灰砂砖（灰砂砖，强度等级分为 MU25、MU20、MU15 和 MU10 四级）、蒸压粉煤灰砖（强度等级分为 MU20、MU15、MU10 和 MU7.5 四级）、炉渣砖、矿渣砖等；烧结多孔砖，主要用于承重部位，强度等级分为 MU30、MU25、MU20、MU15 和 MU10 五级。

（2）砌块分类：分为小型、中型和大型三类；主要品种有小型混凝土空心砌块、加气混凝土砌块、水泥炉渣空心砌块、粉煤灰硅酸盐砌块等；强度等级分为 M20、M15、M10、M7.5 和 M5 五级。

（3）石材分类：分为料石和毛石两种；常用于建筑物基础、挡土墙等；强度等级分为 MU100、MU80、MU60、MU50、MU40、MU30 和 MU20 七级。

（4）常用砂浆有水泥砂浆、水泥混合砂浆、非水泥砂浆、混凝土砌块砌筑砂浆等。

**2. 影响砌体结构构件承载力的因素**

砌体的抗压强度、偏心距的影响（$e = M/N$）、高厚比 $\beta$ 对承载力的影响、砂浆强度等级影响。

**3. 砌体结构的基本构造措施**

（1）无筋砌体的基本构造措施：伸缩缝、沉降缝和圈梁。

（2）配筋砌体构造

1）网状配筋砌体构造要求：体积配筋率不大于 1%，不小于 0.1%；钢筋网的间距不大于 5 皮砖，且不大于 400mm；钢筋直径为 3～4mm（连弯网式钢筋的直径不大于 8mm）；网内钢筋间距不大于 120mm，且不小于 30mm；钢筋间距过小，灰缝中的砂浆难以密实均匀；砂浆强度等级不小于 M7.5，灰缝厚度应保证钢筋上下各有 2mm 砂浆层。

2）组合砌体构造：面层水泥砂浆强度等级不小于 M10，厚度为 30～45mm，竖向钢筋采用 HPB235 级钢筋，受压钢筋一侧配筋率不小于 0.1%；面层混凝土强度等级采用 C20，面层厚度大于 45mm，受压钢筋一侧的配筋率不小于 0.2%，竖向钢筋采用 HPB300、HRB335 级钢筋；砌筑砂浆强度等级不小于 M7.5，竖向钢筋直径不小于 8mm，净间距不小于 30mm，受拉钢筋配筋率不小于 0.1%；箍筋直径 ≥ 0.2 倍受压钢筋的直径且不小于 4mm、不大于 6mm，箍筋的间距不大于 500mm 及 20$d$ 且不小于 120mm；当组合砌体一侧受力钢筋多于 4 根时，应设置附加箍筋和拉结筋；截面长短边相差较大的构件（如墙体等），应采用穿通构件或墙体的拉结筋作为箍筋，设置水平分布钢筋，形成封闭的箍筋体系。水平分布钢筋的竖向间距及拉结筋的水平间距均不大于 500mm。

1.【判断题】砌体结构的构造是确保房屋结构整体性和结构安全的可靠措施。
( )

2.【判断题】我国目前砌体所用的块材主要有砖、砌块和石材。 ( )

3.【单选题】墙体的构造措施不包括（ ）。

A. 沉降缝 B. 防震缝

C. 圈梁 D. 伸缩缝

4.【单选题】无筋砌体圈梁的做法错误的是（ ）。

A. 纵向钢筋不应少于 $4\phi10$ B. 绑扎接头的搭接长度按受拉钢筋考虑

C. 纵横墙交接处的圈梁应断开 D. 箍筋间距不应大于 300mm

5.【单选题】当其他条件相同时，随着偏心距的增大，并且受压区（ ），甚至出现（ ）。

A. 越来越小 受拉区 B. 越来越小 受压区

C. 越来越大 受拉区 D. 越来越大 受压区

6.【单选题】钢筋网间距不应大于 5 皮砖，且不应大于（ ）mm。

A. 100 B. 200

C. 300 D. 400

7.【多选题】砂浆按照材料成分不同分为（ ）。

A. 水泥砂浆 B. 水泥混合砂浆

C. 防冻水泥砂浆 D. 非水泥砂浆

E. 混凝土砌块砌筑砂浆

8.【多选题】影响砌体抗压承载力的因素有（ ）。

A. 砌体抗压强度 B. 砌体环境

C. 偏心距 D. 高厚比

E. 砂浆强度等级

【答案】1. √；2. √；3. B；4. C；5. A；6. D；7. ABDE；8. ACDE

# 第八章 工程预算

## 第一节 工程计量

### 考点 73：建筑面积计算●

教材点睛 教材 P221～223

法规依据：《建筑工程建筑面积计算规范》GB/T 50353—2013

**1. 需掌握的基本概念：** 建筑面积、使用面积、辅助面积、结构面积。

**2. 计算工业与民用建筑的建筑面积总的规则：** 凡在结构上、使用上形成具有一定使用功能的建筑物和构筑物，并能单独计算出其水平面积及其相应消耗的人工、材料和机械用量的，应计算建筑面积；反之，不应计算建筑面积。

**3. 计算建筑面积的作用：** 确定建设规模的重要指标；确定各项技术经济指标的基础；选择概算指标和编制概算的主要依据。

**4. 建筑面积的计算方法。**【详见 P221～223】

巩固练习

1.【判断题】建筑面积是指建筑物（包括墙体）所形成的楼地面面积。　　（　　）

2.【判断题】结构层高在 2.20m 以下的，应计算 1/3 面积。　　（　　）

3.【判断题】出入口外墙外侧坡道有顶盖的部位，应按其外墙结构外围水平面积的 1/2 计算面积。　　（　　）

4.【单选题】建筑面积不包括（　　）。

A. 绿化面积　　　　　　　　　　　B. 使用面积

C. 结构面积　　　　　　　　　　　D. 辅助面积

5.【单选题】下列项目中不应计算建筑面积的是（　　）。

A. 建筑物的外墙外保温层　　　　　B. 无围护结构的观光电梯

C. 有顶盖、无围护结构的车棚　　　D. 室外楼梯

6.【多选题】计算建筑面积的作用有（　　）。

A. 是确定建设规模的重要指标　　　B. 是确定各项技术经济指标的基础

C. 是计算有关分项工程量的依据　　D. 是确定工程报价的指标

E. 是选择概算指标和编制概算的主要依据

【答案】1. √；2. ×；3. √；4. A；5. B；6. ABCE

## 考点 74：装饰装修工程的工程量计算 ★ ●

**教材点睛** 教材 P224 ~ 227

法规依据：《建筑工程建筑面积计算规范》GB/T 50353—2013、

《房屋建筑与装饰工程工程量计算规范》GB 50854—2013

**1. 工程量计算依据**

（1）工程量的作用：确定建筑安装工程费用，编制施工规划，安排工程施工进度，编制材料供应计划，进行工程统计和经济核算的重要依据。

（2）工程量计算依据：施工图纸及设计说明、相关图集、设计变更、图纸答疑、会审记录等；工程施工合同、招标文件的商务条款；工程量计算规则。

（3）工程量计算规则：是确定建筑产品分部分项工程数量的基本规则，是实施工程量清单计价、提供工程量数据的最基础的资料之一，不同的计算规则会有不同的分部分项工程量。

（4）工程量清单项目工程量计算规则与基础定额项目工程量计算规则的区别与联系：工程量清单项目工程量计算规则既是基础定额项目工程量计算规则的发展，又是对基础定额项目工程量计算规则的扬弃。主要调整有编制对象与综合内容不同；计算口径调整；计量单位调整。

**2. 工程量计算的方法**

（1）工程量计算顺序：①单位工程计算顺序；②单个分部分项工程计算顺序。

（2）按一定顺序计算工程量的目的：防止漏项少算或重复多算的现象发生。

（3）工程量计算的注意事项：严格按照规范规定的规则计算工程量；注意顺序计算；工程量计量单位必须与清单计价规范中规定的计量单位相一致；计算口径要一致；力求分层分段计算；加强自我检查复核。

**3. 用统筹法计算工程量**

（1）统筹法计算工程量的基本要点：统筹程序，合理安排；利用基数，连续计算；一次算出，多次使用；结合实际，灵活机动。常用方法有：分段计算法、分层计算法、补加计算法、补减计算法。

（2）统筹图主要内容：由计算工程量的主次程序线、基数、分部分项工程量计算式及计算单位组成。

（3）统筹图的计算程序安排应遵循的原则：共性合在一起，个性分别处理；先主后次，统筹安排；独立项目单独处理。

（4）统筹法计算工程量的步骤可分为五个步骤：详见图 8-1。【P226】

**4. 计量的原则**：详见《房屋建筑与装饰工程工程量计算规范》GB 50854—2013 附录。【P226~227】

1. 【判断题】工程量清单项目工程量计算规则是考虑了不同施工方法和加工余量的实际数量。                                                  （    ）

2. 【判断题】工程量计算顺序的目的是提高计算准确度。                （    ）

3. 【判断题】每一分部分项工程的工程量计算结果都彼此不相关。        （    ）

4. 【判断题】用统筹法计算工程量大体步骤可分为：熟悉图纸、基数计算、计算分部工程量、计算其他项目和整理与汇总。                              （    ）

5. 【单选题】基础定额项目主要是以（    ）为对象划分。

A. 最终产品                     B. 实际完成工程

C. 主体项目                     D. 施工过程

6. 【单选题】单位工程计算顺序一般按（    ）列项顺序计算。

A. 计价规范清单                 B. 顺时针方向

C. 图纸分项编号                 D. 逆时针方向

7. 【单选题】统筹图以（    ）作为基数，连续计算与之有共性关系的分部分项工程量。

A. 三线一面                     B. 册

C. 图示尺寸                     D. 面

8. 【单选题】预制混凝土构件的工程量计算，遵循统筹图计算程序安排的原则是（    ）。

A. 共性和在一起                 B. 个性分别处理

C. 先主后次                     D. 独立项目单独处理

9. 【多选题】工程量清单项目与基础定额项目工程量计算规则的主要调整有（    ）。

A. 计算依据不同                 B. 编制对象不同

C. 综合内容不同                 D. 计算口径的调整

E. 计算单位的调整

10. 【多选题】工程量计算的注意事项有（    ）。

A. 按一定顺序计算

B. 计算口径要一致

C. 加强自我检查复核

D. 力求整体计算

E. 严格按照规范规定的工程量计算规则计算工程量

11. 【多选题】一般常遇到的统筹计算方法有（    ）。

A. 分面计算法                   B. 分段计算法

C. 分层计算法                   D. 分线计算法

E. 补加计算法

【答案】1. ×；2. √；3. ×；4. √；5. D；6. A；7. A；8. D；9. BCDE；10. ABCE；11. BCE

# 第二节 工程计价

**考点75：工程计价 ★ ●**

**教材点睛** 教材 P227～241

**1. 工程造价构成**

（1）建设项目总投资组成。【详见表8-1，P228】

（2）按费用构成要素划分的建筑安装工程费用项目组成。【详见图8-2，P230】

（3）按造价形成划分的建筑安装工程费用项目组成。【详见图8-3，P234】

**2. 工程造价的定额计价基本知识**

（1）工程定额：是建设工程造价计价和管理中各类定额的总称。

（2）工程定额计价的基本程序。【详见图8-4，P236】

**3. 工程造价的工程量清单计价基本知识**

（1）工程量清单计价的基本方法与程序：分为两个阶段，即工程量清单的编制和利用工程量清单来编制投标报价（或招标控制价）。投标报价是在业主提供的工程量计算结果的基础上，根据企业自身所掌握的各种信息、资料，结合企业定额编制得出的报价。

（2）工程量清单计价的特点。

1）工程量清单计价的适用范围：全部含国有资金的项目均应执行工程量清单计价方式确定造价。

2）工程量清单计价的操作过程：涵盖施工招标、合同管理以及竣工交付全过程。

（3）工程量清单计价的作用：提供平等的竞争条件；满足市场经济竞争的需要；有利于提高工程计价效率，实现快速报价；有利于工程款的拨付和工程造价的最终结算；有利于业主对投资的控制。

**4. 工程定额计价方法与工程量清单计价方法的区别**

（1）两种模式的最大差别在于体现了我国建设市场发展过程中的不同定价阶段。

（2）两种模式的主要计价依据及其性质的不同。

（3）编制工程量的主体不同。

（4）单价与报价的组成不同。

（5）适用阶段不同。

（6）合同价格的调整方式不同。

（7）工程量清单计价把施工措施性消耗单列并纳入了竞争的范畴。

**巩固练习**

1.【判断题】投标报价是在业主提供的工程量计算结果的基础上，结合企业定额编制得出。
（　　）

2.【判断题】全部使用国有资金（含国家融资资金）投资或全部使用私企资金（含私企融资资金）的工程建设项目应执行工程量清单计价方式确定和计算工程造价。

（　　）

3.【判断题】工程定额计价方法与工程量清单计价方法都是一种从上而下的分部组合计价方法。（　　）

4.【单选题】以（　　）确定工程造价，是我国采用的一种与计划经济相适应的工程造价管理制度。

A. 工程量清单计价　　　　　　　B. 预算定额单价法

C. 企业定额　　　　　　　　　　D. 概算定额

5.【单选题】（　　）活动涵盖施工招标、合同管理以及竣工交付全过程。

A. 工程量清单计价　　　　　　　B. 工程定额计价

C. 招标控制价　　　　　　　　　D. 项目交易过程

6.【多选题】下列不是措施项目费的是（　　）。

A. 安全文明施工费　　　　　　　B. 工程排污费

C. 已完工程及设备保护费　　　　D. 脚手架工程费

E. 固定资产使用费

7.【多选题】工程量清单计价编制过程包括（　　）。

A. 收集工程造价信息　　　　　　B. 工程量清单的编制

C. 编制投标报价　　　　　　　　D. 经验数据计算得到工程造价

E. 计算出各个项目工程量

8.【多选题】工程量清单计价的适用范围包括（　　）。

A. 私企资金投资的大中型建设工程　　B. 国有资金投资的工程建设项目

C. 国家融资资金投资的工程建设项目　　D. 国有资金投资为主的工程建设项目

E. 私企资金投资为主的工程建设工程

9.【多选题】工程定额计价方法与工程量清单计价方法的区别有（　　）。

A. 编制工程量的主体不同　　　　B. 合同价格不同

C. 单价与报价的组成不同　　　　D. 计价依据不同

E. 适用阶段不同

【答案】1.√；2.×；3.×；4. B；5. A；6. BE；7. BC；8. BCD；9. ACDE

# 第九章　计算机和相关管理软件

## 第一节　Office 系统的基本知识

**考点 76：Office 系统的基本知识**

| 教材点睛 | 教材 P242 ～ 245 |

1. 中文 **Windows** 系统基本操作方法【P242～243】
2. 文字处理系统（**Word**）基本操作方法及常用操作命令【P243～245】
3. 电子表格（**Excel**）基本操作方法及常用操作命令【P245】

## 第二节　AutoCAD 的基本知识

**考点 77：AutoCAD 的基本知识**

| 教材点睛 | 教材 P246 ～ 250 |

1. **AutoCAD** 基本知识【P246～247】
2. **常用命令**【P247～250】
3. **AutoCAD** 在工程中的应用【P250】
4. **图形的输出操作方法**【P250】

## 第三节　相关管理软件的知识

**考点 78：相关管理软件的知识**

| 教材点睛 | 教材 P250 ～ 251 |

1. **管理软件的特点**：使用方便、智能化高、与专业工作结合紧密、有利于提高工作效率、有效地减轻劳动强度。
2. **管理软件在施工中的应用**

（1）管理人员可通过手机 App、PC 端、ipad 实现实时管控。

（2）管理软件功能较强大、专业性较强。

（3）针对企业的不同管理需求，可以将多个层次的主体集中于一个协同的管理平台上，应用于单项目、多项目组合管理，实现多级多种模式管理。

**3. 常用的管理软件**：分为专业公司研发软件和企业定制软件两类。

巩固练习

1. 【判断题】按下 Ctrl 键，单击要选的文件或文件夹，可选择不连续文件和文件夹。

（　　）

2. 【判断题】按快捷键 Ctrl ＋ O 可以快速新建文档。　　　　　　　　　（　　）

3. 【判断题】单击需要重命名的工作表的标签，然后输入新的名称即可。（　　）

4. 【判断题】管理软件是专业软件的一种，目的是完成特定的设计或管理任务。

（　　）

5. 【单选题】用户可以根据（　　　）来辨别应用程序的类型以及其他属性。

A. 程序　　　　　　　　　　　　B. 桌面

C. 图标　　　　　　　　　　　　D. 开始

6. 【多选题】开始菜单由（　　　）组成。

A. 通知栏　　　　　　　　　　　B. 常用程序列表

C. 所有程序　　　　　　　　　　D. 注销与关闭电脑

E. 桌面

7. 【多选题】下列关于文字处理的说法，正确的有（　　　）。

A. 按下 CapsLock 键，录入大写英文字母

B. Ctrl ＋空格键即可录入中文字符

C. 双击状态栏上的"插入"标记即可切换录入状态

D. 将光标置于要选定的文本前，按住右键拖动到选定文本的末尾选定文本

E. 选中要插入总和的单元格，单击"常用"工具栏上的"自动求和"按钮∑即可完成自动求和

8. 【多选题】下列关于电子表格数据运算与分析的说法，正确的有（　　　）。

A. 输入公式：选中需输入公式的单元格，键入"一"，键入公式，按 Enter 键确认

B. 使用函数：选中需输入公式的单元格，键入"一"，执行"插入／函数"命令

C. 双击状态栏上的"插入"标记即可切换录入状态

D. 将光标置于要选定的文本前，按住右键拖动到选定文本的末尾选定文本

E. 选中要插入总和的单元格，单击"常用"工具栏上的"自动求和"按钮∑即可完成自动求和

9. 【多选题】针对企业的不同要求，管理软件的应用有（　　　）。

A. 将集团、企业、分子公司、项目部等多个层次的主体集中于一个协同的管理平台上

B. 单项目、多项目组合管理

C. 有效减轻劳动强度

D. 多级管理多种模式

E. 定期升级

【答案】1. √；2. ×；3. ×；4. √；5. C；6. BCD；7. ABC；8. ABE；9. ABD

# 第十章　施　工　测　量

## 第一节　测量的基本工作

**考点 79：常用测量仪器的使用★**

**教材点睛** 教材 P252～257

**1. 水准仪的使用**

（1）水准仪用途及类型：用于高程测量，分为水准气泡式和自动安平式，目前多为自动安平式。

（2）水准仪使用步骤：仪器的安置→粗略整平→瞄准目标→精平→读数。

**2. 经纬仪的使用**

（1）经纬仪的用途：用于测量水平角和竖直角。

（2）经纬仪使用步骤：安置仪器→照准目标→读数。

**3. 全站仪的使用**

（1）全站仪的用途：多功能测量仪器，能够完成测角、测距、测高差、测定坐标及放样等操作。

（2）全站仪常用类型：瑞士徕卡 TC 系列，日本拓普康系列，美国 Trim ble3600 系列；中国苏州一光 OTS 系列、中国南方 NTS 系列等。

（3）基本操作步骤：测前的准备工作→安置仪器→开机→角度测量→距离测量→放样。

**4. 测距仪的使用**：体积小、携带方便；可以完成距离、面积、体积等测量工作。

**5. 激光铅垂仪的使用**

（1）激光铅垂仪的用途：主要用来测量相对铅垂线的水平偏差、铅垂线的点位传递等。

（2）适用范围：高层建筑施工、变形观测等。

（3）激光铅垂仪垂准测量步骤：打开激光开关及下对点开关→对中、整平→瞄准目标→激光垂准测量。

**6. 三维激光扫描系统**：利用三维激光扫描仪对建（构）筑物扫描测量，形成建（构）筑物空间三维点云模型，通过对点云模型应用得出实际尺寸数据。

**7. 无人机测量技术**：可快速建立三维模型，同时生成三维坐标等高线，适用于设计、施工及运营过程中建立实景三维模型及 DOM、DTM、DEM、DSM 模型。

**8. 测量机器人**：采用先进的 AI 测量算法处理技术，通过模拟人工测量规则，使用虚拟靠尺、角尺完成实测实量工艺，适用于建筑施工全周期的质量检测。

1.【判断题】水准仪粗略整平的目的是使圆气泡居中。 （　　）

2.【判断题】自动安平水准仪需要使水准仪达到精平状态。 （　　）

3.【判断题】经纬仪的安置中，垂球对中的精度高，目前主要采用垂球对中。

（　　）

4.【判断题】全站仪只能够测角、测距和测高差。 （　　）

5.【判断题】测距仪可以完成测角、测距和测高差等测量工作。 （　　）

6.【单选题】以下水准仪中（　　）的精度最高。

A. DS10　　　　　　　　　　　　　B. DS3

C. DS05　　　　　　　　　　　　　D. DS1

7.【单选题】在调节水准仪粗平时，要求气泡移动的方向与左手大拇指转动脚螺旋的方向（　　）。

A. 相反　　　　　　　　　　　　　B. 相同

C. 不能确定　　　　　　　　　　　D. 无关

8.【单选题】水准仪的粗略整平是通过调节（　　）来实现的。

A. 微倾螺旋　　　　　　　　　　　B. 脚螺旋

C. 对光螺旋　　　　　　　　　　　D. 测微轮

9.【单选题】一测站水准测量基本操作中的读数之前的一操作是（　　）。

A. 必须做好安置仪器，粗略整平，瞄准标尺的工作

B. 必须做好安置仪器，瞄准标尺，精确整平的工作

C. 必须做好精确整平的工作

D. 必须做好粗略整平的工作

10.【单选题】水准仪与经纬仪应用脚螺旋的不同是（　　）。

A. 经纬仪脚螺旋应用于对中、精确整平，水准仪脚螺旋应用于粗略整平

B. 经纬仪脚螺旋应用于粗略整平、精确整平，水准仪脚螺旋应用于粗略整平

C. 经纬仪脚螺旋应用于对中、精确整平，水准仪脚螺旋应用于精确整平

D. 经纬仪脚螺旋应用于粗略整平、粗略整平，水准仪脚螺旋应用于精确整平

11.【单选题】经纬仪的粗略整平是通过调节（　　）来实现的。

A. 微倾螺旋　　　　　　　　　　　B. 三脚架腿

C. 对光螺旋　　　　　　　　　　　D. 测微轮

12.【多选题】水准仪使用步骤包括（　　）。

A. 仪器的安置　　　　　　　　　　B. 对中

C. 粗略整平　　　　　　　　　　　D. 瞄准目标

E. 精平

13.【多选题】经纬仪对中的基本方法有（　　）。

A. 光学对点器对中　　　　　　　　B. 垂球对中

C. 目估对中　　　　　　　　　　　D. 物镜对中

E. 目镜对中

14.【多选题】经纬仪的使用步骤包括（　　　）。

A. 仪器的安置　　　　　　　　　B. 对中

C. 粗略整平　　　　　　　　　　D. 照准目标

E. 读数

15.【多选题】全站仪除能自动测距、测角外，还能快速完成的工作包括（　　　）。

A. 计算平距、高差

B. 计算二维坐标

C. 按垂直角和距离进行放样测量

D. 按坐标进行放样

E. 将任一方向的水平角置为 0° 00′ 00″

16.【多选题】测距仪可以完成（　　　）等测量工作。

A. 距离　　　　　　　　　　　　B. 面积

C. 高度　　　　　　　　　　　　D. 角度

E. 体积

【答案】1. √；2. √；3. ×；4. ×；5. ×；6. C；7. B；8. B；9. C；10. A；11. B；12. ACDE；13. AB；14. ADE；15. ADE；16. ABE

# 第二节　施工控制测量的知识

考点 80：施工控制测量 ★ ●

**教材点睛** 教材 P257～258

**1. 建筑物的定位与放线**

（1）建筑物定位的作用：根据设计图纸的规定，将建筑物的外轮廓墙的各轴线交点即角点测设到地面上，作为基础放线和细部放线的依据。

（2）建筑物定位方法：根据控制点定位、根据建筑基线或建筑方格网定位、根据与原有建（构）筑物或道路的关系定位。

**2. 建筑物的放线：** 根据已定位的外墙轴线交点桩，详细测设其各轴线交点的位置，并引测至适宜位置做好标记。

**3. 施工测量：** 当每层结构墙体施工到一定高度后，用水准仪测设出本层墙面上的 ＋0.50m 水平标高线（50 线），作为室内施工及地面、顶棚、墙面装修的标高控制依据。

# 第三节　建筑变形观测的知识

## 考点 81：建筑变形观测知识 ●

教材点睛　教材 P258 ～ 259

**1. 建筑变形观测的概念**：利用观测设备对建筑物在荷载和各种影响因素作用下产生的结构位置和总体形状的变化所进行的长期测量工作。

**2. 变形观测的方法和要求**

（1）沉降观测

1）基准点的设置要求：数目不应少于 3 个，基准点之间应形成闭合环。

2）监测点布设位置：应能全面反映建筑及地基变形特征，并顾及地质情况及建筑结构特点布设。

3）观测周期与时间：根据工程性质、施工进度、地基地质情况及基础荷载的变化情况确定。

4）观测方法：根据精度要求，有一、二、三等水准测量，三角高程测量等方法，常用水准测量方法。

5）沉降观测的有关资料：监督点布置图；观测成果表；时间—荷载—沉降量曲线；等沉降曲线。

（2）倾斜观测包括两个内容：建筑物倾斜观测、建筑物的基础倾斜观测。

（3）裂缝观测方法：分为石膏板标志法和白钢板标志法。

（4）水平位移观测主要方法：角度前方交会法和基准线法。

巩固练习

1.【判断题】用钢尺丈量出激光垂直面与轴线之间的距离，以此距离即可以控制本楼层的施工。　　　　　　　　　　　　　　　　　　　　　　　　　　　（　　）

2.【判断题】白钢板标志法观测裂缝，用两块同样大小的钢板固定在裂缝两侧。
　　　　　　　　　　　　　　　　　　　　　　　　　　　　　　　　（　　）

3.【判断题】角度前方交会法是利用两点之间的坐标差值，计算该点的水平位移量。
　　　　　　　　　　　　　　　　　　　　　　　　　　　　　　　　（　　）

4.【单选题】每层墙体砌筑到一定高度后，常在各层墙面上测设出（　　）m 的水平标高线，作为室内施工及装修的标高依据。

A. ＋0.00　　　　　　　　　　　　　B. ＋0.50

C. ＋0.80　　　　　　　　　　　　　D. ＋1.50

5.【单选题】基准点的数目不得少于（　　）个点。

A. 1　　　　　　　　　　　　　　　B. 2

C. 3　　　　　　　　　　　　　　　D. 4

6.【单选题】石膏板标志法观测裂缝，用（　　）的石膏板，固定在裂缝两侧。

A. 厚 40mm，宽 20～50mm
B. 厚 30mm，宽 30～60mm

C. 厚 20mm，宽 40～70mm
D. 厚 10mm，宽 50～80mm

7.【多选题】沉降观测时，沉降观测点的点位宜选设在（　　）。

A. 每隔 2～3 根柱基上
B. 高低层建筑物纵横墙交接处的两侧

C. 建筑物的四角
D. 大转角处

E. 建筑物沿外墙每 2～5m 处

8.【多选题】观测周期和观测时间应根据（　　）的变化情况而定。

A. 工程的性质
B. 施工进度

C. 地基基础
D. 基础荷载

E. 地基变形特征

9.【多选题】水平位移观测的方法包括（　　）。

A. 角度前方交会法
B. 石膏板标志法

C. 白钢板标志法
D. 基准线法

E. 水准测量法

【答案】1.√；2.×；3.√；4. B；5. C；6. D；7. ABCD；8. ABCD；9. AD

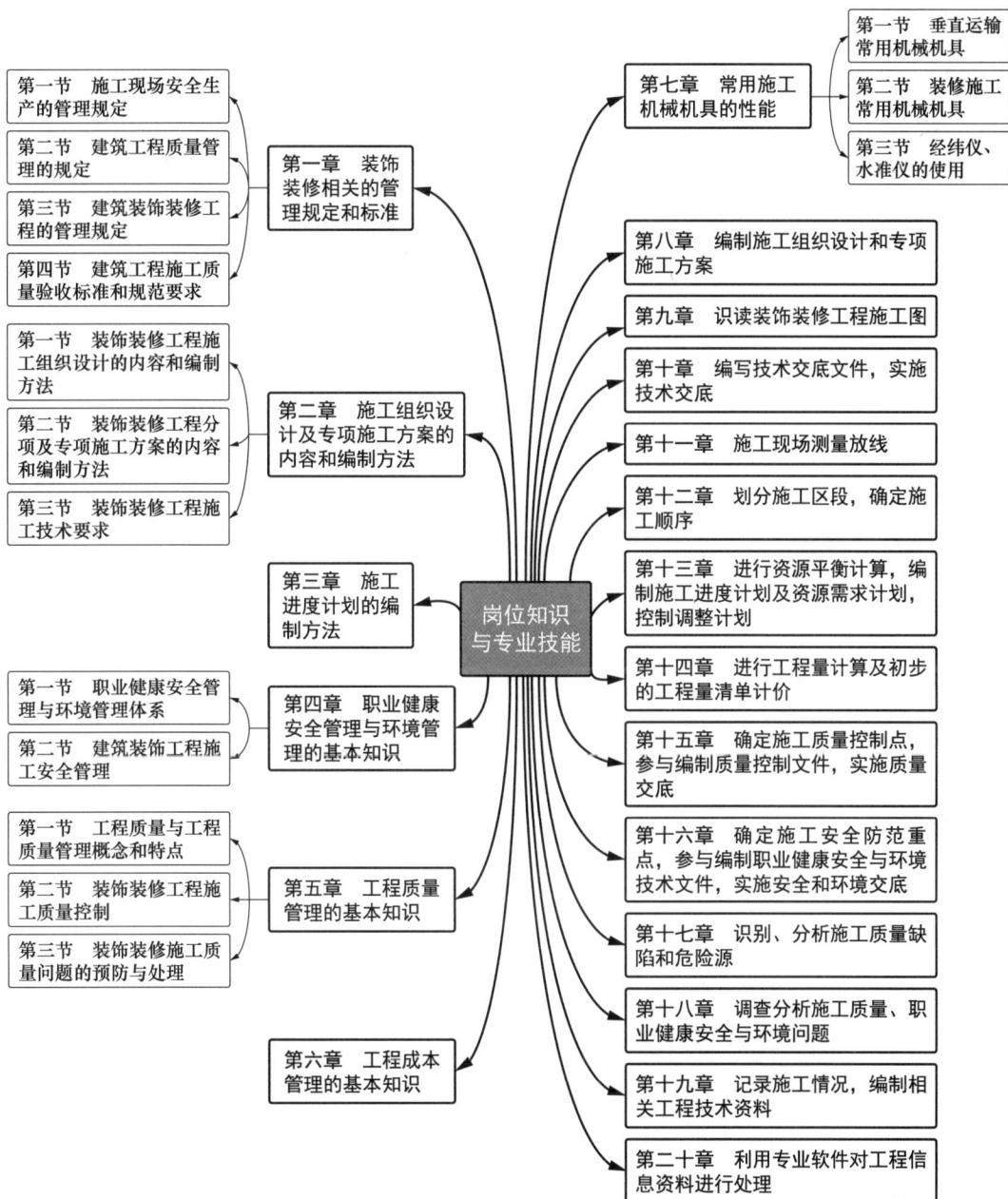

# 下 篇

## 岗位知识与专业技能

## 知识点导图

第一节 施工现场安全生产的管理规定

第二节 建筑工程质量管理的规定

第三节 建筑装饰装修工程的管理规定

第四节 建筑工程施工质量验收标准和规范要求

第一章 装饰装修相关的管理规定和标准

第一节 装饰装修工程施工组织设计的内容和编制方法

第二节 装饰装修工程分项及专项施工方案的内容和编制方法

第三节 装饰装修工程施工技术要求

第二章 施工组织设计及专项施工方案的内容和编制方法

第三章 施工进度计划的编制方法

第一节 职业健康安全管理与环境管理体系

第二节 建筑装饰工程施工安全管理

第四章 职业健康安全管理与环境管理的基本知识

第一节 工程质量与工程质量管理概念和特点

第二节 装饰装修工程施工质量控制

第三节 装饰装修施工质量问题的预防与处理

第五章 工程质量管理的基本知识

第六章 工程成本管理的基本知识

岗位知识与专业技能

第七章 常用施工机械机具的性能

第一节 垂直运输常用机械机具

第二节 装修施工常用机械机具

第三节 经纬仪、水准仪的使用

第八章 编制施工组织设计和专项施工方案

第九章 识读装饰装修工程施工图

第十章 编写技术交底文件,实施技术交底

第十一章 施工现场测量放线

第十二章 划分施工区段,确定施工顺序

第十三章 进行资源平衡计算,编制施工进度计划及资源需求计划,控制调整计划

第十四章 进行工程量计算及初步的工程量清单计价

第十五章 确定施工质量控制点,参与编制质量控制文件,实施质量交底

第十六章 确定施工安全防范重点,参与编制职业健康安全与环境技术文件,实施安全和环境交底

第十七章 识别、分析施工质量缺陷和危险源

第十八章 调查分析施工质量、职业健康安全与环境问题

第十九章 记录施工情况,编制相关工程技术资料

第二十章 利用专业软件对工程信息资料进行处理

# 第一章  装饰装修相关的管理规定和标准

## 第一节  施工现场安全生产的管理规定

**考点 1：施工作业人员安全生产权利和义务的有关规定**

**教材点睛**  教材[①]P1 ～ 2

**1. 施工作业人员安全生产权利**

（1）对安全问题有建议、批评、检举和控告权；

（2）对违章指挥、强令冒险作业的拒绝权

（3）在有安全危险时有停止作业及紧急撤离权，依法获得赔偿权

**2. 施工作业人员安全生产义务**

（1）作业人员应当遵守安全施工的强制性标准、规章制度和操作规程。

（2）正确使用安全防护用具、机械设备等。

（3）进场前，应当接受安全生产教育培训，合格后方准上岗。

**3. 相关法规中有关建筑装饰装修工程质量与安全的规定【P1～2】**

相关法规有：《住宅室内装饰装修管理办法》（2011 年修正）、《建筑工程施工质量验收统一标准》GB 50300—2013、《施工企业安全生产管理规范》GB 50656—2011。

**巩固练习**

1.【判断题】作业人员有权对施工现场的作业条件存在的安全问题提出批评、检举和控告。                                                    （    ）

2.【判断题】在施工中发生危及人身安全的紧急情况时，作业人员有权立即停止作业。                                                （    ）

3.【判断题】施工作业人员进场前，应当接受安全生产教育培训，合格后方准上岗。                                                （    ）

4.【单选题】下列不属于施工作业人员安全生产权利的是（    ）。

A. 有权对作业方式中存在的安全问题提出批评

B. 有权对不安全作业提出整改意见

C. 遵守安全施工的强制性标准

D. 施工中发生紧急情况时有权撤离危险区域

---

① 教材特指《施工员岗位知识与专业技能（装饰方向）（第三版）》。

5. 【多选题】下列属于施工作业人员安全生产义务的是（　　　）。

A. 处理紧急情况　　　　　　　　B. 正确使用安全防护用具

C. 遵守操作规程　　　　　　　　D. 进场前接受安全生产教育培训

E. 对不安全作业提出整改意见

【答案】1. √；2. √；3. √；4. C；5. BCD

## 考点2：安全技术措施、专项施工方案和安全技术交底的规定

**教材点睛** 教材 P2～4

**1. 安全技术措施的有关规定【P3】**

**2. 专项施工方案的有关规定**

（1）方案的安全技术措施必须要有针对性，应针对不同的工程结构、施工方法、选用的各类机械设备、施工场地及周围环境等特点编写；

（2）方案必须要有设计计算书。内容应包括：施工荷载计算，计算简图，构件的内力、强度、刚度、稳定性、抗倾覆计算，地基承载力计算以及支承层地面的承载力验算。设计计算书中应绘制相应的平面图、立面图、剖面图及节点大样施工图。对需要有变形、位移监测的项目，应有相应的监测技术措施和方案；

（3）方案编制必须要有应急预案，内容应包括：各方主体的职责、针对各种突发情况的应急处理方案、异常情况报告制度等。

**3. 安全技术交底的有关规定及主要内容**

（1）一级安全技术交底

1）由公司质量安全部向项目经理、副经理、技术负责人、质安组以及安装有关技术人员进行安全技术交底。

2）交底的内容包括：工程内容和施工范围、安全保证措施、其他施工中应注意的事项。

3）安全技术交底应结合《施工组织设计》《专题施工方案》的内容进行，并做好安全技术记录。

（2）二级安全技术交底

1）由项目经理或技术负责人组织项目技术人员、施工工长、安全员根据上级交底内容、《操作技术规程》《施工组织设计》的要求，由现场质检员以技术交底卡方式，分工序向施工班组长进行安全技术交底。

2）交底内容包括：有关的操作规程、施工验收规范及质量要求；分项工程质量、安全技术措施、质量通病及防治措施；施工中应注意的其他事项。

**考点3：危险性较大的分部分项工程安全管理的有关规定**

> 教材点睛 教材P4～6

法规依据：《建设工程安全生产管理条例》

《危险性较大的分部分项工程安全管理规定》（2019年修订）

**1. 法规要求**

（1）属于危险性较大的分部分项工程（以下简称危大工程）的需编制专项方案；对于超过一定规模的危大工程专项方案还需进行专家论证。

（2）建筑工程实行施工总承包的，专项方案应当由施工总承包单位组织编制；专业工程实行分包的，其专项方案可由专业承包单位组织编制。

**2. 专项方案编制内容及审核**

（1）编制内容：工程概况，编制依据，施工计划，施工工艺，安全保证措施，劳动力计划，计算书及图纸。

（2）审核：施工单位技术部门组织本单位施工技术、安全、质量等部门的专业技术人员进行审核；审核合格后由施工单位技术负责人签字；上报监理单位，由项目总监理工程师审核签字。

（3）超过一定规模的危大工程专项方案应当由施工单位组织召开专家论证会。

**3. 专家论证的要求**

（1）参加专家论证会人员：专家组成员；建设单位项目负责人或技术负责人；监理单位项目总监理工程师及相关人员；施工单位安全负责人、技术负责人、项目负责人、项目技术负责人、专项方案编制人员、项目专职安全生产管理人员；勘察、设计单位项目技术负责人及相关人员。

（2）专家组成员构成：从地方建设主管部门专家库中抽取5名及以上符合相关专业要求的专家组成。

（3）专项方案经论证后，专家组应当提交论证报告，对论证的内容提出明确的意见，并签字确认。

（4）施工单位应根据论证报告修改完善专项方案，经施工单位技术负责人、项目总监理工程师、建设单位项目负责人签字后，方可组织实施。

（5）专项方案经论证后需做重大修改的，施工单位应当按照论证报告修改，并重新组织专家进行论证。

**4. 专项方案的实施管理**

（1）施工单位应当严格按照专项方案组织施工，不得擅自修改、调整专项方案。

（2）专项方案实施前，编制人员或项目技术负责人应当向现场管理人员和作业人员进行安全技术交底。

（3）实施过程中，施工单位应当指定专人对专项方案实施情况进行现场监督和按规定进行监测。施工单位技术负责人应当定期巡查专项方案实施情况。

（4）监理单位应当将危大工程列入监理规划和监理实施细则，应当针对工程特点、周边环境和施工工艺等，制定安全监理工作流程、方法和措施。

（5）监理单位应当对专项方案实施情况进行现场监理；对不按专项方案实施的，有权责令整改；施工单位拒不整改的，应当及时向建设单位报告，建设单位有权立即责令施工单位停工整改；施工单位仍不停工整改的，建设单位应当及时向住房和城乡建设主管部门报告。

## 巩固练习

1.【判断题】专项方案实施前，编制人员或项目技术负责人应当向现场管理人员和作业人员进行安全技术交底。（　　）

2.【判断题】二级安全技术交底由公司质量安全部向项目经理、副经理、技术负责人、质安组，以及安装有关技术人员进行。（　　）

3.【判断题】实行施工总承包的，专项方案应当由总承包单位技术负责人及相关专业建设单位技术负责人签字。（　　）

4.【判断题】不需专家论证的专项方案，经施工单位审核合格后报建设单位，由项目经理审核签字。（　　）

5.【判断题】危险性较大的分部分项工程是指建筑工程在施工过程中存在的、可能导致作业人员群死群伤或造成重大不良社会影响的分部分项工程。（　　）

6.【单选题】对于超过一定规模的危险性较大工程的专项方案，（　　）应当重新组织专家进行论证。

A. 建设单位　　　　　　　　　　B. 监理单位
C. 施工单位　　　　　　　　　　D. 设计单位

7.【单选题】对于按规定需要验收的危险性较大的分部分项工程，施工单位、监理单位应当组织有关人员进行验收。验收合格的，经（　　）技术负责人及项目总监理工程师签字后，方可进入下一道工序。

A. 建设单位　　　　　　　　　　B. 监理单位
C. 施工单位　　　　　　　　　　D. 设计单位

8.【单选题】（　　）应当对专项方案实施情况进行现场监理。

A. 建设单位　　　　　　　　　　B. 监理单位
C. 施工单位　　　　　　　　　　D. 设计单位

9.【单选题】对不按专项方案实施的，监理单位应当责令整改，施工单位拒不整改的，应当及时向（　　）报告。

A. 建设单位　　　　　　　　　　B. 政府部门
C. 设计单位　　　　　　　　　　D. 设计单位

10.【单选题】（　　）在生产作业前对直接生产作业人员进行作业安全操作规程和注意事项的培训，并通过书面文件方式予以确认。

A. 项目部负责人          B. 安全员

C. 施工员          D. 技术员

11.【多选题】下列属于专项方案编制内容的是（　　）。

A. 工程概况          B. 编制依据

C. 施工工艺技术          D. 施工管理方法

E. 劳动力计划

12.【多选题】专项施工方案中的工程概况应包括（　　）。

A. 危险性较大的分部分项工程概况    B. 施工平面布置

C. 施工要求          D. 施工计划

E. 施工技术保证条件

13.【多选题】专项施工方案中的施工工艺技术应包括（　　）。

A. 技术参数          B. 工艺流程

C. 施工方法          D. 检查验收

E. 施工进度计划

14.【多选题】专项施工方案中的施工安全保证措施应包括（　　）。

A. 安全意识          B. 技术措施

C. 组织保障          D. 应急预案

E. 预测监控

【答案】1. √；2. ×；3. ×；4. ×；5. √；6. C；7. C；8. B；9. A；10. A；11. ABCE；12. ABCE；13. ABCD；14. BCDE

**考点 4：实施工程建设强制性标准监督内容、方式、违规处罚的有关规定★**

教材点睛　教材 P6～7

法规依据：《实施工程建设强制性标准监督规定》（2015 年修正）

（1）强制性标准监督检查的内容包括：

1）有关工程技术人员是否熟悉、掌握强制性标准。

2）工程项目的规划、勘察、设计、施工、验收等是否符合强制性标准的规定。

3）工程项目采用的材料、设备是否符合强制性标准的规定。

4）工程项目的安全、质量是否符合强制性标准的规定。

5）工程中采用的导则、指南、手册、计算机软件的内容是否符合强制性标准的规定。

（2）建设行政主管部门或者有关行政主管部门在处理重大工程事故时，应当有工程建设标准方面的专家参加；工程事故报告应当包括是否符合工程建设强制性标准的意见。

（3）任何单位和个人对违反工程建设强制性标准的行为有权向建设行政主管部门检举、控告、投诉。

（4）施工单位违反工程建设强制性标准的，责令改正，处工程合同价款 2% 以上 4% 以下的罚款；造成建设工程质量不符合规定的质量标准的，负责返工、修理，并赔偿因此造成的损失；情节严重的，责令停业整顿，降低资质等级或者吊销资质证书。

（5）工程监理单位违反强制性标准规定，在验收资料文件上签字的，责令改正，处 50 万元以上 100 万元以下的罚款，降低资质等级或者吊销资质证书；有违法所得的，予以没收；造成损失的，承担连带赔偿责任。

（6）违反工程建设强制性标准，造成工程质量、安全隐患或工程事故的，对事故责任单位和责任人应进行处罚。

1）有关责令停业整顿、降低资质等级和吊销资质证书的行政处罚，由颁发资质证书的机关决定；其他行政处罚，由建设行政主管部门或者有关部门依照法定职权决定。

2）建设行政主管部门和有关行政部门工作人员，玩忽职守、滥用职权、徇私舞弊的，给予行政处分；构成犯罪的，依法追究刑事责任。

巩固练习

1.【判断题】施工单位违反工程建设强制性标准的，责令改正，处工程合同价款 1% 以上 4% 以下的罚款。　　　　　　　　　　　　　　　　　　　　（　　）

2.【单选题】下列不属于强制性标准监督检查的内容的是（　　）。

A. 有关工程技术人员是否熟悉、掌握强制性标准

B. 工程项目的规划、勘察、设计、施工、验收等是否符合强制性标准的规定

C. 工程项目采用的材料、设备是否符合强制性标准的规定

D. 工程施工管理方法是否符合强制性标准的规定

3.【单选题】施工单位违反工程建设强制性标准的，责令改正，处工程合同价款（　　）以上（　　）以下的罚款。

A. 2%；4%

B. 1%；4%

C. 2%；3%

D. 1%；3%

4.【单选题】工程监理单位违反强制性标准规定，将不合格的建设工程以及建筑材料、建筑构配件和设备按照合格签字的，责令整改，处（　　）万元以上（　　）万元以下罚款。

A. 50；100

B. 20；80

C. 50；80

D. 60；100

5.【单选题】违反工程建设强制性标准，造成工程质量、安全隐患或工程事故的，由颁发资质证书的机关对事故责任单位进行的处罚不包括（　　）。

A. 降低资质等级

B. 责令停业整顿

C. 给予行政处分

D. 吊销资质证书

6.【多选题】下列属于强制性标准监督检查的内容的是（　　）。

A. 有关工程技术人员是否熟悉、掌握强制性标准

B. 工程项目的规划、勘察、设计、施工、验收等是否符合强制性标准的规定

C. 工程项目采用的材料、设备是否符合强制性标准的规定

D. 工程施工管理方法是否符合强制性标准的规定

E. 工程施工设备是否符合强制性标准的规定

【答案】1. ×；2. D；3. A；4. A；5. C；6. ABC

# 第二节　建筑工程质量管理的规定

**考点5：建筑工程质量管理的有关规定★**

**教材点睛**　教材 P7～9

**1. 建设工程专项质量检测、见证取样检测内容的有关规定**

（1）涉及结构安全的试块、试件以及有关材料，应当在建设单位或者工程监理单位监督下现场取样，并送具有相应资质等级的质量检测单位进行检测。

（2）施工单位未对建筑材料、建筑构配件、设备和商品混凝土进行检验，或者未对涉及结构安全的试块、试件以及有关材料取样检测的，责令改正，处10万元以上20万元以下的罚款；情节严重的，责令停业整顿，降低资质等级或者吊销资质证书；造成损失的，依法承担赔偿责任。

**2. 房屋建筑工程质量保修范围、保修期限的有关规定**

（1）建设单位和施工单位应当在工程质量保修书中约定保修范围、保修期限和保修责任等，双方约定的保修范围、保修期限必须符合国家有关规定。

（2）在正常使用下，房屋建筑工程的最低保修期限为：地基基础和主体结构工程，为设计合理使用年限；屋面防水工程、卫生间及房间防水工程和外墙面的防渗漏，为5年；供热与供冷系统，为2个供暖期、供冷期；电气系统、给水排水管道、设备安装，为2年；装修工程，为2年。

其他项目的保修期限由建设单位和施工单位约定。房屋建筑工程保修期从工程竣工验收合格之日起计算。

**3. 建筑工程质量监督的有关规定**

（1）建设工程质量监督管理由建设行政主管部门或其他有关部门委托的建设工程质量监督机构具体实施。

（2）制定质量监督工作方案，确定负责该项工程的质量监督工程师和助理质量监督工程师。根据有关法律、法规和工程建设强制性标准，针对工程特点，明确监督的具体内容、监督方式，并将质量监督工作方案通知建设、勘察、设计、施工、监理单位。

（3）检查施工现场工程建设各方主体的质量行为；检查施工现场工程建设各方主体及有关人员的资质或资格；检查勘察、设计、施工、监理单位的质量管理体系和质量责任制落实情况；检查有关质量文件、技术资料是否齐全并符合规定。

（4）检查建筑工程实体质量。按照质量监督工作方案进行质量抽查。对地基基础分部工程、主体结构分部工程和其他涉及安全的分部工程的质量验收进行监督。

（5）监督工程质量验收；向委托部门报送工程质量监督报告；对预制建筑构件和混凝土的质量进行监督。

**4. 房屋建筑工程和市政基础设施工程竣工验收备案管理的有关规定**

（1）住房和城乡建设部主管部门负责全国房屋建筑和市政基础设施工程（以下统称工程）的竣工验收备案管理工作。县级以上地方人民政府建设主管部门负责本行政区域内工程的竣工验收备案管理工作。

（2）建设单位应当自工程竣工验收合格之日起 15 日内，向工程所在地的县级以上地方人民政府建设主管部门（以下简称备案机关）备案。

（3）建设单位办理工程竣工验收备案应当提交的文件：工程竣工验收备案表；工程竣工验收报告；由规划、环保等部门出具的认可文件或者准许使用文件；由公安消防部门出具的对大型的人员密集场所和其他特殊建设工程验收合格的证明文件；施工单位签署的工程质量保修书；法规、规章规定必须提供的其他文件；住宅工程还应当提交《住宅质量保证书》和《住宅使用说明书》。

（4）备案机关收到建设单位报送的竣工验收备案文件，验证文件齐全后，应当在工程竣工验收备案表上签署文件收讫。工程竣工验收备案表一式两份，一份由建设单位保存，另一份留备案机关存档。

（5）工程质量监督机构应当在工程竣工验收之日起 5 日内，向备案机关提交工程质量监督报告。

（6）备案机关发现建设单位在竣工验收过程中有违反国家有关建设工程质量管理规定行为的，应当在收讫竣工验收备案文件 15 日内，责令停止使用，重新组织竣工验收。

（7）处罚规定

1）建设单位在工程竣工验收合格之日起 15 日内未办理工程竣工验收备案的，备案机关责令限期改正，处 20 万元以上 50 万元以下罚款。

2）建设单位将备案机关决定重新组织竣工验收的工程，在重新组织竣工验收前，擅自使用的，备案机关责令停止使用，处工程合同价款 2% 以上 4% 以下罚款；造成的损失，由建设单位依法承担赔偿责任。

3）建设单位采用虚假证明文件办理工程竣工验收备案的，工程竣工验收无效，备案机关责令停止使用，重新组织竣工验收，处 20 万元以上 50 万元以下罚款；构成犯罪的，依法追究刑事责任。

4）竣工验收备案文件齐全，备案机关及其工作人员不办理备案手续的，由有关机关责令改正，对直接责任人员给予行政处分。

1.【判断题】质量安全监督机构应当按照有关标准，对建筑装饰装修工程进行质量和安全监督。 （ ）

2.【判断题】承担见证取样检测及有关结构安全、使用功能等项目的检测单位应具备相应资质。 （ ）

3.【判断题】地基基础和主体结构工程，为设计文件规定的该工程的合理使用年限。 （ ）

4.【判断题】质量监督机构制定质量监督工作方案，确定负责该项工程的质量监督工程师和助理质量监督工程师。 （ ）

5.【单选题】正常使用情况下，屋面防水工程、有防水要求的卫生间、房间和外墙面的防渗漏，最低保修期限为（ ）年。

A. 2
B. 3
C. 4
D. 5

6.【单选题】正常使用情况下，房屋建筑装修工程最低保修期限为（ ）年。

A. 2
B. 3
C. 4
D. 5

7.【单选题】正常使用情况下，房屋建筑工程的电气系统、给水排水管道、设备安装最低保修期限为（ ）年。

A. 2
B. 3
C. 4
D. 5

8.【单选题】建设单位应当自工程竣工验收合格之日起（ ）日内，向工程所在地的县级以上地方人民政府建设主管部门备案。

A. 10
B. 14
C. 15
D. 30

9.【单选题】工程质量监督机构应当在工程竣工验收之日起（ ）日内，向备案机关提交工程质量监督报告。

A. 5
B. 15
C. 20
D. 30

10.【多选题】建设单位办理工程竣工验收备案应当提交的文件有（ ）。

A. 工程竣工验收备案表

B. 工程竣工验收报告

C. 由规划、环保等部门出具的认可文件

D. 由公安消防部门出具的对大型的人员密集场所和其他特殊建设工程验收合格的证明文件

E. 可行性研究报告

【答案】1. ×；2. √；3. √；4. √；5. D；6. A；7. A；8. C；9. A；10. ABCD

# 第三节　建筑装饰装修工程的管理规定

**考点 6：建筑装饰装修工程的管理规定★**

**教材点睛** 教材 P9 ～ 12

**1. 建筑装饰装修管理的规定**

（1）《建筑业企业资质管理规定》（住房和城乡建设部令第 45 号）中有关建筑装修装饰工程专业承包资质标准的规定，建筑装修装饰工程专业承包资质分为甲级、乙级。

（2）《建筑工程施工许可管理办法》中有关建筑装饰装修工程的申报与许可的规定，建设单位在开工前应当依照本办法的规定，向工程所在地的县级以上地方人民政府住房和城乡建设主管部门（以下简称发证机关）申请领取施工许可证。工程投资额在 30 万元以下或者建筑面积在 $300m^2$ 以下的建筑工程，可以不申请办理施工许可证。

（3）《房屋建筑和市政基础设施工程施工分包管理办法》（2019 年修正）中关于工程的发包与承包的要求

1）房屋建筑和市政基础设施工程施工分包分为专业工程分包和劳务作业分包。

2）分包工程发包人可以就分包合同的履行，要求分包工程承包人提供分包工程履约担保。

3）禁止将承包的工程进行转包。

4）禁止转让、出借企业资质证书或者以其他方式允许他人以本企业名义承揽工程。

**2. 住宅室内装饰装修管理的有关规定**

（1）住宅室内装饰装修活动，禁止下列行为：

1）未经原设计单位或者具有相应资质等级的设计单位提出设计方案，变动建筑主体和承重结构；

2）将没有防水要求的房间或者阳台改为卫生间、厨房；

3）扩大承重墙上原有的门窗尺寸，拆除连接阳台的砖、混凝土墙体；

4）损坏房屋原有节能设施，降低节能效果；

5）其他影响建筑结构和使用安全的行为。

（2）《住宅室内装饰装修管理办法》中有关开工申报与监督的规定。

1）装修施工单位在住宅室内装饰装修工程开工前，应向物业管理企业或者房屋管理机构（以下简称物业管理单位）申报登记，非业主的住宅使用人进行装饰装修，应当取得业主的书面同意。

2）物业管理单位应当将住宅室内装饰装修工程的禁止行为和注意事项告知装修人和装修人委托的装饰装修企业。装修人对住宅进行装饰装修前，应当告知邻里。

3）物业管理单位应当按照住宅室内装饰装修管理服务协议实施管理，发现装修人或者装饰装修企业有违规行为应立即制止；已造成事实后果或者拒不改正的，应及时报告有关部门依法处理。

4）有关部门接到物业管理单位关于装修人或者装饰装修企业有违反该办法行为的

报告后，应当及时到现场检查核实，依法处理。

　　5）禁止物业管理单位向装修人指派装饰装修企业或者强行推销装饰装修材料。

　　6）装修人不得拒绝和阻碍物业管理单位依据住宅室内装饰装修管理服务协议的约定，对住宅室内装饰装修活动的监督检查。

　　7）任何单位和个人对住宅室内装饰装修中出现的影响公众利益的质量事故、质量缺陷以及其他影响周围住户正常生活的行为，都有权检举、控告、投诉。

巩固练习

1.【判断题】原有房屋的使用人装饰装修房屋，应征得房屋所有权人同意，并签订协议。　　　　　　　　　　　　　　　　　　　　　　　　　　　　　　（　　）

2.【判断题】房地产行政主管部门应当自受理房屋装饰装修申请之日起 15 日内决定是否予以批准。　　　　　　　　　　　　　　　　　　　　　　　　　　　（　　）

3.【判断题】对于未办理报建和质量安全监督手续的装饰装修工程，有关部门可为建设单位办理招标投标手续和发放临时施工许可证。　　　　　　　　　（　　）

4.【判断题】建设单位不得将建筑装饰装修工程发包给无资质证或不具备相应资质条件的企业。　　　　　　　　　　　　　　　　　　　　　　　　　　　（　　）

5.【判断题】独立发包的大中型建设项目的装饰装修工程或工艺要求高、工程量大的装饰装修工程，由具备相应资质条件的建筑装饰装修企业承包。　　（　　）

6.【判断题】从事建筑装饰装修工程的发包、承包双方，应当按照各自的建筑装饰装修工程施工合同示范文本签订合同。　　　　　　　　　　　　　　　（　　）

7.【判断题】未经原设计单位或者具有相应资质等级的建设单位提出设计方案，不得变动建筑主体和承重结构。　　　　　　　　　　　　　　　　　　　（　　）

8.【判断题】委托装饰装修企业施工的，需提供该企业相关资质证书的复印件。
　　　　　　　　　　　　　　　　　　　　　　　　　　　　　　　　（　　）

9.【判断题】建设单位应当将住宅室内装饰装修工程的禁止行为和注意事项告知装修人和装修人委托的装饰装修企业。　　　　　　　　　　　　　　　（　　）

10.【判断题】物业管理单位可以向装修人指派装饰装修企业或者推销装饰装修材料。
　　　　　　　　　　　　　　　　　　　　　　　　　　　　　　　　（　　）

11.【判断题】任何单位和个人对住宅室内装饰装修中出现的影响公众利益的质量事故、质量缺陷以及其他影响周围住户正常生活的行为，都有权检举、控告、投诉。
　　　　　　　　　　　　　　　　　　　　　　　　　　　　　　　　（　　）

12.【单选题】（　　　）企业可承担各类建筑室内、室外装修装饰工程的施工。

A. 甲级　　　　　　　　　　　　　　　B. 二级

C. 三级　　　　　　　　　　　　　　　D. 四级

13.【单选题】有关部门接到（　　　）关于装修人或者装饰装修企业有违反《住宅室

内装饰装修管理办法》行为的报告后，应当及时到现场检查核实，依法处理。

    A. 设计单位                       B. 施工单位

    C. 物业管理单位                D. 监理单位

14.【单选题】委托装饰装修企业施工的，需提供该企业相关资质证书的复印件。非业主的住宅使用人，还需提供业主同意装饰装修的（    ）证明。

    A. 书面                          B. 口头

    C. 书面和口头                  D. 公证人

15.【单选题】下列不属于住宅室内装饰装修管理服务协议内容的是（    ）。

    A. 装饰装修工程的实施内容

    B. 装饰装修工程的实施期限

    C. 住宅外立面设施及防盗窗的安装要求

    D. 入住时间

16.【单选题】下列关于住宅室内装饰装修活动中禁止行为表述中，错误的是（    ）。

    A. 经原设计单位或者具有相应资质等级的设计单位提出设计方案，变动建筑主体和承重结构

    B. 将没有防水要求的房间或者阳台改为卫生间、厨房

    C. 扩大承重墙原有的门窗尺寸，拆除连接阳台的砖、混凝土墙体

    D. 损坏房屋原有节能设施，降低节能效果

17.【多选题】下列关于建筑装修装饰工程专业甲级资质标准的表述中，正确的是（    ）。

    A. 企业近 5 年承担过单项合同额 1500 万元以上的装修装饰工程 2 项施工，工程质量合格

    B. 企业经理具有 5 年以上从事工程管理工作经历或具有高级职称

    C. 具有建筑工程专业一级注册建造师 5 人以上

    D. 企业净资产 1500 万元以上

    E. 工程技术人员中，具有中级以上职称的人员不少于 10 人

【答案】1. √；2. ×；3. ×；4. √；5. √；6. ×；7. √；8. √；9. ×；10. ×；11. √；12. A；13. C；14. A；15. D；16. A；17. ACD

# 第四节    建筑工程施工质量验收标准和规范要求

**考点 7:《建筑工程施工质量验收统一标准》GB 50300—2013 有关要求 ★**

**教材点睛**   教材 P13 ～ 14

    **1. 建筑工程施工质量验收的基本要求**：参加建筑工程质量验收各方人员应具备的资格；建筑工程质量验收应在施工单位检验评定合格的基础上进行；检验批质量应按主控项目和一般项目进行验收；隐蔽工程的验收；涉及结构安全的见证取样检测；涉

教材点睛 教材 P13～14（续）

及结构安全和使用功能的重要分部工程的抽样检验以及承担见证试验单位资质的要求；观感质量的现场检查等。

**2. 检验批的划分**

（1）相同材料、工艺和施工条件的室内饰面板（砖）工程每50间（大面积房间和走廊按施工面积30m² 为一间）应划分为一个检验批，不足50间也应划分为一个检验批。

（2）相同材料、工艺和施工条件的室外饰面板（砖）工程每500～1000m² 应划分为一个检验批，不足500m² 也应划分为一个检验批。

（3）检查数量应符合下列规定：

1）室内每个检验批应至少抽查10%，并不得少于3间；不足3间时应全数检查。

2）室外每个检验批每100m² 应至少抽查一处，每处不得小于10m²。

**3. 建筑装饰装修工程分部工程、子分部工程及其分项工程的划分【表1-1，P14】**

**4. 验收的组织与程序**

（1）检验批及分项工程应由监理工程师组织施工单位项目专业质量（技术）负责人等进行验收。

（2）分部工程应由总监理工程师组织施工单位项目负责人和技术、质量负责人等进行验收。地基与基础、主体结构分部工程的勘察、设计单位工程项目负责人和施工单位技术、质量部门负责人也应参加相关分部工程验收。

（3）单位工程完工后，施工单位应自行组织有关人员进行检查评定，并向建设单位提交工程验收报告。建设单位收到工程报告后，应由建设单位（项目）负责人组织施工（含分包单位）、设计、监理等单位（项目）负责人进行单位（子单位）工程验收。

**考点8：住宅装饰装修工程施工规范的有关要求**

教材点睛 教材 P14～15

（1）施工前应进行设计交底工作，并应对施工现场进行核查，了解物业管理的有关规定。

（2）各工序、各分项工程应自检、互检及交接检。

（3）严禁损坏房屋原有绝热设施、受力钢筋，超荷载集中堆放物品，在预制混凝土空心楼板上打孔预埋。

（4）严禁擅自改动建筑主体、承重结构或改变房间主要使用功能；严禁擅自拆改燃气、暖气、通信等配套设施。

（5）管道、设备工程的安装及调试应在装饰装修工程施工前完成；装饰装修工程不得影响管道、设备的使用和维修；涉及燃气管道的装饰装修工程必须符合有关安全管理的规定。

（6）施工人员应遵守有关施工安全、劳动保护、防火、防毒的法律法规。

（7）施工现场用电规定：施工现场用电应从户表以后设立临时施工用电系统；安装、维修或拆除临时用电系统，应由电工完成；施工电源箱应装设漏电保护器，不得用插销连接；电线路应避开易燃、易爆物品堆放地；暂停施工时应切断电源。

（8）施工现场用水规定：不得在未做防水的地面蓄水；临时水管不得有破损、滴漏；暂停施工时应切断水源。

（9）文明施工和现场环境应符合下列要求：施工人员应衣着整齐，服从物业管理或治安保卫人员的监督、管理；应采取控制粉尘、污染物、噪声、振动等的措施；施工堆料不得占用、封堵公共空间及紧急出口；工程垃圾宜密封包装，并放在指定的垃圾堆放地；不得堵塞、破坏上下水管道、垃圾道等公共设施，不得损坏楼内各种公共标识；工程验收前应将施工现场清理干净。

## 巩固练习

1.【判断题】临时用水管可有轻微的破损、滴漏。（　　）

2.【判断题】在建筑工程的分部工程中，将原建筑电气安装分部工程中的强电和弱电部分独立出来各为一个分部工程，称其为建筑电气分部和智能建筑（弱电）分部。
（　　）

3.【单选题】相同材料、工艺和施工条件的室内饰面板（砖）工程，对大面积房间和走廊施工面积每（　　）$m^2$ 应划分为一个检验批。

A. 100　　　　　　　　　　　B. 30

C. 50　　　　　　　　　　　　D. 80

4.【单选题】相同材料、工艺和施工条件的室外饰面板（砖）工程，每个检验批每（　　）$m^2$ 应至少抽查一处。

A. 500　　　　　　　　　　　B. 400

C. 200　　　　　　　　　　　D. 100

5.【单选题】抹灰子分部工程中不包含的分项工程是（　　）。

A. 一般抹灰　　　　　　　　　B. 装饰抹灰

C. 外墙砂浆防水　　　　　　　D. 保温层薄抹灰

6.【单选题】分部工程应由（　　）组织施工单位项目负责人和技术、质量负责人等进行验收。

A. 总监理工程师　　　　　　　B. 建设单位负责人

C. 施工单位技术负责人　　　　D. 设计单位负责人

7.【单选题】建设单位收到工程验收报告后，应由（　　）组织施工（含分包单位）、设计、监理等单位（项目）负责人进行单位（子单位）工程验收。

A. 建设单位（项目）负责人　　B. 质量检测单位（项目）负责人

C. 质量监督单位（项目）负责人        D. 勘察单位（项目）负责人

8.【单选题】下列选项不符合住宅装饰装修工程施工规范要求的是（    ）。

A. 各工序、各分项工程进行自检、互检及交接检

B. 施工前进行设计交底工作

C. 在预制混凝土空心楼板上打孔预埋

D. 拆除临时用电系统由电工完成

9.【多选题】建筑工程施工质量验收符合要求的有（    ）。

A. 验收在施工单位自检合格的基础上进行

B. 检验批的质量按主控项目和一般项目验收

C. 工程的观感质量由验收人员现场检查，并共同确认

D. 工程施工符合工程勘察、设计文件的要求

E. 涉及结构安全和使用功能的分部工程在验收后进行抽样检验

【答案】1. ×；2. √；3. B；4. D；5. C；6. A；7. A；8. C；9. ABCD

**考点 9：建筑内部装修防火施工及验收要求 ★**

教材点睛   教材 P15～17

**1.《建筑内部装修防火施工及验收规范》GB 50354—2005 相关强制性条文**

（1）装修材料进场应核查其燃烧性能或耐火极限、防火性能型式检验报告、合格证书等技术文件是否符合防火设计要求，并填写进场验收记录。

（2）装修材料进入施工现场后，应按本规范在监理单位或建设单位监督下现场取样，并应由具备相应资质的检验单位进行见证取样检验。

（3）装修施工过程中，装修材料应远离火源，指派专人负责施工现场的防火安全。

（4）装修施工过程中，应对各装修部位的施工过程作详细记录。

（5）内部装修施工不得影响消防设施的使用功能。确需变更防火设计时，应上报建设单位做出设计变更。

**2. 材料抽样检验要求**

现场阻燃处理后的纺织织物，每种取 $2m^2$ 检验燃烧性能；泡沫塑料，每种取 $0.1m^3$ 检验燃烧性能；复合材料，每种取 $4m^2$ 检验燃烧性能。

**3. 工程质量验收要求**

（1）技术资料应完整。

（2）所用装修材料或产品的见证取样检验结果应满足设计要求。

（3）装修施工过程中的抽样检验结果及完工后的抽样检验结果应符合设计要求。

（4）现场进行阻燃处理、喷涂、安装作业的抽样检验结果应符合设计要求。

（5）施工过程中的主控项目检验结果应全部合格。

（6）施工过程中的一般项目检验结果合格率应达到 80%。

**巩固练习**

1.【判断题】装修施工过程中，装修材料应远离火源，指派专人负责施工现场的防火安全。 （　　）

2.【判断题】需变更防火设计时，应上报设计单位做出设计变更。 （　　）

3.【判断题】建筑工程内部装修不得影响消防设施的使用功能。 （　　）

4.【判断题】装修材料或产品的见证取样检验结果应满足使用要求。 （　　）

5.【单选题】装修材料进场时应核查的技术文件不包括（　　）。

A. 复试报告 　　　　　　　　　　　　B. 燃烧性能或耐火极限检验报告

C. 合格证书 　　　　　　　　　　　　D. 防火性能型式检验报告

6.【单选题】装修材料进入施工现场后，应按《建筑内部装修防水施工及验收规范》GB 50354—2005 在（　　）监督下现场取样，并应由具备相应资质的检验单位进行检验。

A. 设计单位 　　　　　　　　　　　　B. 监理单位或建设单位

C. 质量监督单位 　　　　　　　　　　D. 消防验收单位

7.【单选题】装修材料燃烧性能检验抽样做法不符合要求的是（　　）。

A. 现场阻燃处理后的纺织织物，每种取 $10m^2$ 检验燃烧性能

B. 施工过程中受湿浸、燃烧性能可能受影响的纺织织物，每种取 $2m^2$ 检验燃烧性能

C. 现场阻燃处理后的复合材料，每种取 $4m^2$ 检验燃烧性能

D. 现场阻燃处理后的泡沫塑料，每种取 $0.1m^3$ 检验燃烧性能

8.【单选题】建筑内部装修防火施工过程中的一般项目检验结果合格率应达到（　　）。

A. 100% 　　　　　　　　　　　　　　B. 90%

C. 80% 　　　　　　　　　　　　　　D. 75%

9.【多选题】下列关于建筑内部装修防火施工及验收要求说法中，正确的有（　　）。

A. 进入施工现场的装修材料应完好，并应核查技术文件是否符合防火设计要求。

B. 装修施工过程中，装修材料应远离火源，并应指派专人负责施工现场的防火安全。

C. 装修施工过程中，应对各装修部位的施工过程作详细记录。

D. 现场阻燃处理后的纺织织物，每种取 $1m^2$ 检验燃烧性能

E. 施工资料审查全部合格、施工过程全部符合要求、现场抽样检测结果全部合格时，工程验收为合格。

【答案】1. √；2. ×；3. √；4. ×；5. A；6. B；7. A；8. C；9. ABCE

**考点 10：《住宅建筑室内装修污染控制技术标准》JGJ/T 436—2018 有关要求 ★**

**教材点睛** 教材 P17 ～ 19

**1. 一般规定**

（1）装饰装修工程应在合同中明确室内空气质量控制等级和验收要求，并应将其作为交付验收的依据。

（2）室内装饰装修工程应进行污染物控制设计，在施工阶段应按设计要求进行材料采购与施工。

（3）空调、消防等其他专业工程应选用符合环保要求的材料，且不应对室内空气质量产生不利影响。

（4）室内局部装饰装修或配置家具宜按本标准的方法进行污染物控制。

（5）室内空气污染物主要包括：甲醛、苯、甲苯、二甲苯、总挥发性有机化合物（简称 TVOC）。

**2. 室内空气质量控制要求**

（1）室内空气污染物浓度应分为Ⅰ级、Ⅱ级、Ⅲ级，各污染物浓度对应的等级应符合表 1-4【P18】的规定。室内空气质量应按污染物中最差的等级进行评定。

（2）室内空气质量控制：室内空气污染物浓度不应高于Ⅲ级限量；不含活动家具的装饰装修工程，室内空气污染物浓度不应高于Ⅱ级限量。

（3）材料污染物释放率分级及控制要求，详见表 1-4～表 1-6。【P18】

**3. 施工阶段污染物控制**

（1）施工阶段应按设计文件要求进行施工；当室内装修工程重复使用同一设计方案时，宜先做样板间；施工组织方案中应包括装修施工污染控制的内容；现场施工应符合职业卫生的要求。

（2）施工要求：室内装修时不得使用苯、工业苯、石油苯、重质苯及混苯作为稀释剂和溶剂；木地板及其他木质材料不得采用沥青、煤焦油类作为防腐、防潮处理剂；不得使用以甲醛作为原料的胶粘剂；不得采用溶剂型涂料（如光油）作为防潮基层材料；室内不应使用有机溶剂清洗施工、保洁用具。

**4. 室内空气质量检测与验收**

（1）室内装饰装修工程的室内空气质量检测宜在工程完工 7d 后进行。

（2）室内空气污染物浓度的验收应抽检工程有代表性的房间。抽检比例详见 P19。

**考点 11：《建筑装饰装修工程质量验收标准》GB 50210—2018 有关施工质量的要求【P20】**

**考点 12：《建筑地面工程施工质量验收规范》GB 50209—2010 有关质量验收的要求【P20～21】**

巩固练习

1.【判断题】供暖地区的民用建筑工程，室内装修施工宜在供暖期内进行。（　　）

2.【判断题】装修施工环境温度不应低于 10℃。（　　）

3.【判断题】室内装饰装修工程应进行污染物控制设计，在施工阶段应按设计要求进行材料采购与施工。（　　）

4.【判断题】当室内装修工程重复使用同一设计方案时，宜先做样板间。（　　）

5.【判断题】室内装饰装修工程的室内空气质量检测宜在工程完工 10d 后进行。

（　　）

6.【单选题】楼层结构必须采用现浇混凝土板或整块预制混凝土板，混凝土强度等级不应小于（　　）。

A. C15                                         B. C20

C. C25                                         D. C30

7.【单选题】房间的楼板四周除门洞外应做混凝土翻边，高度不应小于（　　）mm。

A. 100                                         B. 150

C. 200                                         D. 250

8.【单选题】不发火（防爆）地面面层中的砂应质地坚硬、表面粗糙，其粒径宜为 0.15～5mm，有机物含量不应大于（　　）。

A. 0.5%                                        B. 1%

C. 1.5%                                        D. 2%

9.【多选题】下列有关装修施工阶段污染物控制的做法中，正确的是（　　）。

A. 施工组织方案中包括装修施工污染控制的内容

B. 现场施工应符合职业卫生的要求

C. 木地板采用煤焦油类作为防潮处理剂

D. 室内使用有机溶剂清洗施工用具

E. 室内装修使用混苯作为稀释剂

【答案】1.×；2.×；3.√；4.√；5.×；6.B；7.C；8.A；9.AB

# 第二章　施工组织设计及专项施工方案的内容和编制方法

## 第一节　装饰装修工程施工组织设计的内容和编制方法

### 考点 13：装修工程施工组织设计的编制

**教材点睛** 教材 P22～23

**1. 施工组织设计的类型和编制依据**

（1）施工组织设计的类型：有施工组织总设计、单位工程施工组织设计、分部（分项）工程作业计划三类。

（2）施工组织设计的编制依据

1）装饰装修工程施工合同的要求

2）装饰装修工程施工图样及有关说明

3）装饰装修工程施工预算文件及有关定额

4）装饰装修工程的施工条件

5）水、电、暖、卫系统的进场时间及对装饰装修工程施工的要求。

6）有关规定、规程、规范、手册等技术资料。

7）业主单位对工程的意图和要求。

8）有关的参考资料及类似工程的施工组织设计实例。

**2. 施工组织设计的内容**

应包括工程概况、施工方案、施工进度计划、施工准备工作及各项资源需要量计划、施工平面图、消防安全文明施工及施工技术质量保证措施、成品保护措施等。

**3. 单位工程施工组织设计的编制方法【图 2-1，P23】**

**巩固练习**

1.【判断题】装饰装修工程施工组织设计是规划和指导拟建工程从施工准备到竣工验收全过程施工的技术经济文件。　　　　　　　　　　　　　　（　　）

2.【单选题】关于分部（分项）工程作业计划，下列表述正确的是（　　）。

A. 是以群体工程为施工组织对象编制的

B. 是以单位工程为对象编制的

C. 是以某些主要的或新结构、技术复杂的或缺乏施工经验的分部（分项）工程为对象编制的

D. 设计单位和总分包单位共同参加编制

3.【单选题】装饰装修工程的施工条件有（　　　　）。

A. 人文条件和施工现场条件　　　　　B. 自然条件和施工现场条件

C. 自然条件和人工条件　　　　　　　D. 地质条件和施工现场条件

4.【单选题】单位工程施工组织设计是（　　　　）。

A. 以单项工程为对象编制的　　　　　B. 以单位工程为对象编制的

C. 以分部工程为对象编制的　　　　　D. 以分项工程为对象编制的

5.【单选题】下列（　　　　）不属于建筑装饰装修工程施工。

A. 墙面装饰　　　　　　　　　　　　B. 门窗工程

C. 楼地面工程　　　　　　　　　　　D. 主体工程

6.【单选题】施工组织设计的核心是（　　　　）。

A. 进度计划　　　　　　　　　　　　B. 施工方案

C. 现场平面设计　　　　　　　　　　D. 现场用电

7.【多选题】单位工程装饰装修工程施工组织设计的内容一般应包括（　　　　）。

A. 工程概况　　　　　　　　　　　　B. 施工方案

C. 施工进度计划　　　　　　　　　　D. 施工准备工作及各项资源需要量计划

E. 施工平面图

8.【多选题】施工组织设计的类型有（　　　　）。

A. 单体工程施工组织设计　　　　　　B. 单位工程施工组织设计

C. 分部（分项）工程作业计划　　　　D. 施工组织总设计

E. 现场平面设计

【答案】1. √；2. C；3. B；4. B；5. D；6. B；7. ABCDE；8. BCD

# 第二节　装饰装修工程分项及专项施工方案的内容和编制方法

**考点 14：装饰装修工程分项及专项施工方案的编制●**

教材点睛　教材 P23 ～ 28

**1. 分项及专项施工方案的内容**

主要包括施工方法和施工机械的选择、施工段的划分、施工开展的顺序以及流水施工的组织安排。

**2. 分项及专项施工方案的编制方法**

（1）确定施工程序：建筑装饰工程的施工程序有先室外后室内、先室内后室外及室内外同时进行三种情况。应根据工期要求、劳动力配备情况、气候条件、现场条件等因素综合考虑确定。

（2）确定施工起点及流向：主要考虑施工方法、工程各部位的繁简程度、选用的材料、用户对生产和使用的需要、设备管道的布置系统等因素。室外工程一般采用自下而上（干挂石材）、自上而下（涂料喷涂）施工。室内装饰装修则有三种方式，即自上而下、自下而上、自中而下再自上而中。

（3）室内装饰装修工程的一般顺序：详见图 2-2。【P26】

（4）选择施工方法和施工机械

1）施工方法的选择应着重考虑影响整个装饰装修工程施工的重要部分，明确样板制度的具体要求。

2）施工机械选择时主要考虑：适用的施工机具以及机具型号；在同一装饰装修工程施工现场，应力求使施工机具的种类和型号尽可能少一些，选择一机多能的综合性机具，便于机具的管理；机具配备时注意与之配套的附件，应适用于现场条件；充分发挥现有机具的作用。

**3. 编制专项施工方案的规定**（专项施工方案的编制内容、审核、论证及管理，见本书下篇考点 3）

（1）需要单独编制专项施工方案的危险性较大的工程：承重支撑体系；脚手架工程（24m 及以上落地脚手架、附着式升降脚手架、悬挑式脚手架、异型脚手架）；高处作业吊篮；建筑幕墙安装工程；采用新技术、新工艺、新材料、新设备可能影响工程施工安全，尚无国家、行业及地方技术标准的分部分项工程。

（2）需对专项方案进行专家论证的危大工程：

1）承重支撑体系：用于钢结构安装等满堂支撑体系，承受单点集中荷载 7kN 以上。

2）脚手架工程：搭设高度 50m 及以上落地式钢管脚手架工程；提升高度 150m 及以上附着式升降操作平台；分段架体搭设高度 20m 及以上悬挑式脚手架工程。

3）施工高度 50m 及以上的建筑幕墙安装工程。

4）采用新技术、新工艺、新材料、新设备及尚无相关技术标准的危险性较大的分部分项工程。

巩固练习

1.【判断题】建筑装饰装修工程方案的内容，主要包括施工方法和施工机械的选择、施工段的划分、施工开展的顺序以及流水施工的组织安排。　　　　　　（　　）

2.【判断题】对于达到一定规模、危险性较大的工程，需要单独编制专项施工方案。　　　　　　（　　）

3.【单选题】建筑装饰工程的施工程序不包括（　　）。

A. 先室外后室内　　　　　　　　　B. 先室内后室外

C. 先上后下　　　　　　　　　　　D. 室内外同时

4.【单选题】室内装饰装修方式不包括（　　）。

A. 自上而下　　　　　　　　　　　B. 自下而上

C. 自中而下再自上而中　　　　　　D. 自上下而中

5.【单选题】确定施工流程时，根据工程各部位的繁简程度，（　　）部位应适当靠后施工。

A. 技术复杂　　　　　　　　　　　　B. 施工进度较慢

C. 工期较长　　　　　　　　　　　　D. 体形复杂

6.【单选题】选择（　　）是施工方案中的关键问题，它直接影响施工质量、进度、安全，以及工程成本，因此在编制施工组织设计时必须加以重视。

A. 施工方法和施工机械　　　　　　　B. 施工工序和施工方法

C. 施工工序和施工机械　　　　　　　D. 施工程序和施工方法

7.【多选题】建筑装饰工程的施工程序一般有（　　）。

A. 先室外后室内　　　　　　　　　　B. 先室内后室外

C. 先上后下　　　　　　　　　　　　D. 室内外同时进行

E. 上下同时进行

8.【多选题】确定施工流向时，一般应考虑（　　）因素。

A. 施工方法　　　　　　　　　　　　B. 工程各部位的繁简程度

C. 选用的材料　　　　　　　　　　　D. 用户对生产和使用的需要

E. 设备管道的布置系统

9.【多选题】确定施工顺序的基本原则有（　　）。

A. 符合施工工艺的要求　　　　　　　B. 房间的使用功能和施工方法要协调一致

C. 考虑施工组织的要求　　　　　　　D. 考虑施工的安全因素

E. 考虑气候条件

【答案】1. √；2. √；3. C；4. D；5. D；6. A；7. ABD；8. ABCDE；9. ABCDE

# 第三节　装饰装修工程施工技术要求

**考点 15：防火工程施工技术要求【P28～30】★**

巩固练习

1.【判断题】施工堆料不得占用楼道内的公共空间，封堵紧急出口。　　　　　（　　）

2.【判断题】对木质装饰装修材料进行防火涂料涂布应一次涂布完成，涂布量应不小于 $500g/m^2$。　　　　　（　　）

3.【单选题】防火工程施工中，严禁损坏房屋原有（　　）。

A. 绝热设施　　　　　　　　　　　　B. 防水

C. 保温　　　　　　　　　　　　　　D. 通信设施

4.【单选题】临时施工供电开关箱中应装设（　　）。

A. 插销　　　　　　　　　　　　　　B. 总断路器

C. 总熔断器　　　　　　　　　　　　D. 漏电保护器

5.【单选题】安装、维修或拆除临时施工用电系统，应由（　　）完成。

A. 电焊工                  B. 机修工

C. 电工                   D. 维修电工

6.【单选题】防火工程施工单位应对进场主要材料的品种、规格、性能进行验收，主要材料应有（　　）。

A. 产品合格证书           B. 性能检测报告

C. 中文说明书             D. 设计说明书

7.【单选题】防火工程材料表面保护膜应在（　　）时撤除。

A. 工程竣工              B. 工程开工

C. 工程施工              D. 工程完工

8.【单选题】施工现场防火说法正确的有（　　）。

A. 易燃物品应相对集中放置在安全区域并应有明显标识

B. 配套使用的照明灯、电动机、电气开关可不设置安全防爆装置

C. 施工现场必须配备灭火器、沙箱或其他灭火工具

D. 严禁在施工现场吸烟

E. 施工现场动用气焊等明火时，必须清除周围及焊渣滴落区的可燃物质，并设专人监督

【答案】1.√；2.×；3. A；4. D；5. C；6. A；7. A；8. ACDE

## 考点16：防水工程施工技术要求【P30～32】

巩固练习

1.【判断题】使用的防水材料及配套材料仅需要产品出厂合格证。　　　　　　　　（　　）

2.【单选题】卫生间墙面防水高度设置为（　　）。

A. 1000mm              B. 1800mm

C. 2000mm              D. 1500mm

3.【单选题】进入现场的防水材料应按国家有关规定进行见证取样现场抽样复验，并在（　　）进行检测。

A. 建设方指定的检测单位      B. 施工方指定的检测单位

C. 监理方指定的检测单位      D. 国家指定的法定检测单位

4.【单选题】防水工程中一般施工环境温度应在（　　）℃以上。

A. 5                       B. 0

C. −5                     D. 2

5.【单选题】防水施工中涂布间隔（　　）h以上（具体时间应根据施工温度测定），待底层涂料固化干燥后，方可进行下一道工序。

A. 12                   B. 24

C. 36                   D. 48

6.【单选题】室内防水工程蓄水试验要求水深为（　　）。

A. 50～100mm           B. 30～50mm

C. 200～300mm                     D. 300～400mm

7.【单选题】室内防水工程蓄水试验时间要求为（      ）。

A. 12h                           B. 24h

C. 36h                           D. 48h

8.【多选题】防水施工中成品保护及安全注意事项有（      ）。

A. 施工前，可根据现场实际情况选择是否进行安全教育、技术措施交底

B. 施工人员须佩戴安全帽，穿工作服、硬底鞋

C. 防水层验收合格后，及时做好保护层

D. 存放材料地点和施工现场必须通风良好

E. 存料和施工现场严禁烟火，消防设施要配备足够

【答案】1. ×；2. B；3. D；4. B；5. B；6. B；7. B；8. CDE

### 考点 17：顶棚工程施工技术要求【P32～38】●

巩固练习

1.【判断题】当用自攻螺栓安装板材时，板材接缝处可以安装在宽度 25mm 的次龙骨上。                                                    （      ）

2.【判断题】石膏板接缝可不进行板缝防裂处理。                （      ）

3.【判断题】暗龙骨吊杆必须安装牢固。                        （      ）

4.【单选题】顶棚搁栅分格间距不宜超过（      ）mm。

A. 300                           B. 450

C. 400                           D. 500

5.【单选题】顶棚施工中，中间搁栅安装时要求起拱，起拱高度为房间短向跨度的（      ）。

A. 1/350                         B. 1/250

C. 1/400                         D. 1/200

6.【单选题】下列（      ）符合顶棚工程施工工艺的要求。

A. 必须先固定吊筋，再安装次龙骨   B. 必须先固定吊筋，再安装主次龙骨

C. 必须先安装主龙骨，再固定吊筋   D. 必须先安装次龙骨，再安装主龙骨

7.【单选题】吊杆距主龙骨端部的距离不得大于（      ）mm。

A. 400                           B. 300

C. 450                           D. 600

8.【单选题】主龙骨应从顶棚中心向两边分，最大间距为（      ）mm。

A. 800                           B. 900

C. 1000                          D. 1100

9.【单选题】纸面石膏板拼缝为（      ）cm。

A. 3                             B. 1

C. 5                             D. 2

10. 【单选题】上人的顶棚，吊杆长度小于（　　）时，可采用 $\phi 8$ 的吊杆。

A. 1000mm
B. 1200mm

C. 1500mm
D. 1800mm

11. 【多选题】装饰工程顶棚面局部产生凹凸不平的可能原因有（　　）。

A. 后置锚固件安装时，选择用的胀管螺栓安装不牢固

B. 将未经拉伸的钢筋作为吊杆，当龙骨和饰面板涂料施工完毕后，吊杆的受力产生不均匀现象

C. 吊点间距的设置，可能未按规范要求施工，没有满足不大于1.5m的要求

D. 顶棚骨架安装时，主龙骨的吊挂件、连接件的安装可能不牢固

E. 骨架施工完毕后，隐蔽检查验收不认真

【答案】1. ×；2. ×；3. √；4. B；5. D；6. B；7. B；8. C；9. D；10. A；11. ABDE

**考点18：轻质隔墙工程施工技术要求【P39～44】★●**

巩固练习

1. 【判断题】隔墙板材品种、规格、性能、颜色符合设计要求。　　　　　　　　　　（　　）

2. 【判断题】板材隔墙立面垂直度偏差为5mm。　　　　　　　　　　　　　　　　（　　）

3. 【单选题】板材隔墙工程的检查数量应每个检验批至少抽查（　　），并不得少于3间。

A. 10%
B. 15%

C. 20%
D. 30%

4. 【单选题】条板隔墙的门、窗框的安装应在条板隔墙安装完成（　　）d后进行。

A. 3
B. 5

C. 10
D. 7

5. 【单选题】板材隔墙安装的允许偏差，立面垂直度，石膏空心板为（　　）mm。

A. 5
B. 2

C. 3
D. 15

6. 【单选题】轻钢龙骨隔断施工时，石膏板一般用自攻螺钉固定，板边钉距为（　　）mm。

A. 200
B. 250

C. 300
D. 400

7. 【单选题】骨架隔墙工程的检查数量应符合下列规定：每个检验批应至少抽查（　　），并不得少于3间；不足3间时应全数检查。

A. 20%
B. 10%

C. 15%
D. 30%

8. 【多选题】轻钢龙骨隔断施工，纸面石膏板接缝做法有（　　）。

A. 平缝
B. 凹缝

C. 压条缝
D. 焊接

E. 机械连接

9.【多选题】轻质隔墙施工用的主要机具有（　　　）。

A. 电动无齿锯　　　　　　　　B. 手电钻

C. 螺丝刀　　　　　　　　　　D. 射钉枪

E. 靠尺

【答案】1. √；2. ×；3. A；4. D；5. C；6. A；7. B；8. ABC；9. ABCDE

### 考点 19：抹灰施工技术要求【P44～49】★ ●

巩固练习

1.【判断题】抹灰前 2d，墙应浇水湿润。　　　　　　　　　　　　　（　　）

2.【判断题】外墙抹灰滴水槽的宽度和深度均不应小于 20mm。　　　（　　）

3.【判断题】抹灰操作用的架子要离开墙面及墙角 300mm，以便于操作。（　　）

4.【单选题】一般抹灰工程质量的允许偏差，普通抹灰表面平整度为（　　　）mm。

A. 3　　　　　　　　　　　　B. 4

C. 5　　　　　　　　　　　　D. 2

5.【单选题】根据室内高度和抹灰现场的具体情况，提前搭好抹灰操作用的高凳和架子，架子要离开墙面及墙角（　　　）mm，以便于操作。

A. 100～250　　　　　　　　B. 200～250

C. 200～300　　　　　　　　D. 150～250

6.【单选题】管道穿越的墙洞和楼板洞，应及时安放套管，并用（　　　）水泥砂浆或细石混凝土填塞密实。

A. 1∶3　　　　　　　　　　B. 1∶2

C. 1∶2.5　　　　　　　　　D. 1∶1

7.【单选题】抹灰工程中，基层如有油渍或粉状隔离剂，应用（　　　）火碱水刷洗，清水冲净，或用钢丝刷子彻底刷干净。

A. 20%　　　　　　　　　　B. 10%

C. 15%　　　　　　　　　　D. 25%

8.【单选题】抹灰工程中，加气混凝土砌块、混凝土空心砌块墙体双面满铺钢丝网，并与梁、柱、剪力墙界面搭接宽（　　　）mm。

A. 200　　　　　　　　　　B. 300

C. 100　　　　　　　　　　D. 250

9.【单选题】抹灰工程应分层进行。当抹灰总厚度大于或等于（　　　）mm 时，应采取加强措施。

A. 20　　　　　　　　　　　B. 35

C. 10　　　　　　　　　　　D. 40

10.【多选题】抹灰空鼓原因可能有（　　　）

A. 基层处理不好，清扫不干净

B. 墙面浇水不透或不匀，影响该层砂浆与基层的粘结性能

C. 一次抹灰太厚或各层抹灰层间隔时间太短收缩不匀

D. 夏季施工砂浆失水过快或抹灰后没有适当浇水养护

E. 冬期施工受冻

【答案】1. ×；2. ×；3. ×；4. B；5. B；6. A；7. B；8. C；9. B；10. ABCDE

**考点 20：饰面板（砖）工程施工技术要求【P49～56】★●**

巩固练习

1.【判断题】已放大样并做出粘贴面砖样板墙，经设计部门鉴定合格，经设计及业主共同认可，施工工艺及操作要点已向操作者交底，可进行大面积施工。 （ ）

2.【判断题】饰面工程验收中，室内每个检验批至少抽查 5%。 （ ）

3.【判断题】饰面砖接缝应平直、光滑。 （ ）

4.【单选题】外墙贴面砖工程的施工中，用面砖做灰饼，找出墙面、柱面、门窗套等横竖标准，阳角处要双面排直，灰饼间距不应大于（ ）m。

A. 2

B. 3

C. 1.5

D. 2.5

5.【单选题】内墙贴面砖工程的施工中，石灰膏一般熟化时间不应小于（ ）d。

A. 20

B. 15

C. 10

D. 30

6.【单选题】外墙贴面砖工程的施工验收中，室外每个检验批每（ ）$m^2$ 应至少抽查一处，每处不得小于 $10m^2$。

A. 100

B. 200

C. 300

D. 400

7.【多选题】下列属于外墙面砖施工验收主控项目的有（ ）。

A. 饰面砖的品种、规格、颜色和性能应符合设计要求

B. 找平、防水、粘结和勾缝材料及施工方法应符合设计要求及国家现行产品标准和工程技术标准的规定

C. 饰面砖粘贴必须牢固

D. 满粘法施工的饰面砖工程应无空鼓、裂缝

E. 饰面砖表面应平整、洁净、色泽一致，无裂痕和缺损

8.【多选题】外墙面砖空鼓原因有（ ）。

A. 基层表面偏差较大，基层处理或施工操作不当，各层之间的粘结强度差

B. 砂浆配合比准确

C. 在同一施工面上，采用不同的配合比砂浆，引起不同的干缩率而开裂、空鼓

D. 饰面层各层长期受大气温度的影响

E. 面砖粘贴砂浆不饱满，面砖勾缝不严实

【答案】1. ×；2. ×；3. √；4. C；5. B；6. A；7. ABCD；8. ACDE

**考点 21：涂饰工程施工技术要求【P56～60】 ●**

巩固练习

1.【判断题】涂料品种、型号和性能符合设计要求。　　　　　　　　（　　）

2.【判断题】刷涂顺序应从下向上，从左到右。　　　　　　　　　　（　　）

3.【判断题】混凝土或抹灰基层涂刷溶剂型涂料时，含水率不得大于8%。（　　）

4.【单选题】涂料工程中，涂刷乳液型涂料时基层含水率应小于（　　）。

A. 5%　　　　　　　　　　　　　B. 10%

C. 15%　　　　　　　　　　　　D. 20%

5.【单选题】在混凝土及抹灰面溶剂型涂料的施工中，作业环境温度不低于10℃，相对湿度不宜大于（　　）。

A. 50%　　　　　　　　　　　　B. 60%

C. 75%　　　　　　　　　　　　D. 85%

6.【单选题】涂料工程施工温度应为（　　）。

A. 10℃　　　　　　　　　　　　B. 10℃以上

C. 15℃以上　　　　　　　　　　D. 20℃以上

7.【单选题】喷涂施工，喷嘴距离墙面（　　）mm。

A. 100～300　　　　　　　　　　B. 200～400

C. 300～400　　　　　　　　　　D. 400～500

8.【多选题】下列分析产生流挂、不规则花纹、不均匀光泽、剥落、涂膜表面粗糙原因，正确的有（　　）。

A. 挂流：喷涂太厚

B. 不规则花纹：喷枪压力不稳、遮盖力不够

C. 光泽不均匀：中涂层吸收面层涂料不均匀

D. 剥落（呈壳状）：表面潮湿；基层强度低；用水过度稀释中涂料；中涂料没有充分干燥

E. 表面粗糙：涂料用量不足

【答案】1. √；2. ×；3. √；4. B；5. B；6. B；7. C；8. ABCDE

**考点 22：裱糊工程施工技术要求【P60～63】 ★ ●**

巩固练习

1.【判断题】裱糊工程施工应在顶棚喷浆、门窗油漆完毕进行。　　　（　　）

2.【判断题】裱糊工程应做样板间。　　　　　　　　　　　　　　　（　　）

3.【判断题】裱糊时应将基体或基层表面的污垢、尘土清除干净，基层面不得有飞刺、麻点、砂粒和裂缝。　　　　　　　　　　　　　　　　　　　　　　（　　）

4.【单选题】下列（　　）符合裱糊工程施工工艺的要求。

A. 要先进行面层的处理，再实施裱糊　　B. 要先实施裱糊，再进行面层的处理

C. 要先进行基层的处理，再实施裱糊　　D. 要先进行基层的处理，再实施喷涂

5.【单选题】裱糊工程基体或基层的含水率，对于混凝土和抹灰不得大于（　　），对于木材制品不得大于（　　）。

A. 10%；12%

B. 8%；12%

C. 8%；14%

D. 12%；12%

6.【单选题】壁纸施工时，严禁在明角处甩缝，壁纸裹过阳角不应小于（　　）。

A. 10mm

B. 30mm

C. 20mm

D. 40mm

7.【单选题】壁纸裁割一般以上口为准，上下口应比实际尺寸长（　　）。

A. 10～20mm

B. 20～30mm

C. 30mm

D. 40mm

8.【单选题】裱糊工程的基层表面凹凸不平，应先用（　　）刮抹平整。

A. 水泥浆

B. 混合砂浆

C. 水泥砂浆

D. 腻子

9.【单选题】裱糊工程每个检验批应至少抽查（　　），并不得少于 3 间，不足 3 间时应全数检查。

A. 15%

B. 10%

C. 8%

D. 20%

10.【多选题】裱糊前，基层处理要求描述正确的有（　　）。

A. 新建筑物的混凝土或抹灰基层墙面在刮腻子前应涂刷抗碱封闭底漆

B. 旧墙面在裱糊前应清除疏松的旧装修层，并涂刷界面剂

C. 基层表面平整度、立面垂直度及阴阳角方正应达到高级抹灰规范的要求

D. 基层表面颜色应一致

E. 裱糊前应用封闭底胶涂刷基层

【答案】1. √；2. √；3. √；4. C；5. B；6. C；7. A；8. D；9. B；10. ABCDE

## 考点 23：软包工程施工技术要求【P63～65】

巩固练习

1.【判断题】软包底板所用的胶合板含水率应不大于 10%。　　　　　　　　　（　　）

2.【判断题】软包工程的龙骨、衬板、边框应安装牢固，检验方法是手扳检查。

（　　）

3.【单选题】软包工程的作业条件错误的是（　　）。

A. 基层平整、湿润牢固

B. 基层垂直度、平整度符合验收规范要求

C. 已对施工人员进行质量、安全、环保技术交底

D. 顶棚、墙面、地面等分项工程基本完成

4.【单选题】属于软包工程制作安装的方法是（　　）。

A. 模拟法
B. 分块固定法
C. 干泡法
D. 稀释法

5.【单选题】软包施工验收一般项目不包括（　　）。

A. 软包工程表面应平整、洁净，无凹凸不平及皱折；图案应清晰、无色差，整体应协调美观

B. 软包边框应平整、顺直、接缝吻合

C. 清漆涂饰木制边框的颜色、木纹应协调一致

D. 龙骨、衬板、边框应安装牢固

6.【单选题】软包工程施工工艺流程正确的是（　　）。

A. 基层处理→弹线→计算用料→制作安装→修整

B. 弹线→计算用料→制作安装→修整

C. 基层处理→弹线→制作安装→修整

D. 基层处理→弹线→计算用料→制作安装

7.【多选题】软包施工验收主控项目有（　　）。

A. 面料、内衬及边框的材质、颜色、图案、燃烧性能等级应符合设计要求及国家现行标准的有关规定

B. 软包工程的安装位置及构造做法应符合设计要求

C. 软包工程的龙骨、衬板、边框应安装牢固，无翘曲，拼缝应平直

D. 单块软包面料不应有接缝，四周应绷压严密

E. 软包工程表面应平整、洁净，无凹凸不平及皱折；图案应清晰、无色差，整体应协调美观

【答案】1. ×；2. √；3. A；4. B；5. D；6. A；7. ABCD

## 考点 24：门窗工程施工技术要求【P65～72】★ ●

巩固练习

1.【判断题】门窗玻璃安装顺序是先安内门窗，再安外门窗。　　　　　（　　）

2.【判断题】门窗玻璃裁割尺寸应正确。　　　　　（　　）

3.【单选题】应对人造木板的（　　）性能指标进行复验。

A. 耐热性
B. 甲醛含量
C. 抗冻性
D. 强度

4.【单选题】门窗框固定铁脚距离（　　），铁脚必须作防腐处理。

A. 大于 500mm
B. 小于 500mm
C. 为 500mm
D. 为 550mm

5.【单选题】门洞每侧门窗框固定木砖不少于（　　）块，并作防腐处理。

A. 2
B. 3
C. 4
D. 5

6. 【多选题】门窗框松动原因有（　　）。

A. 安装锚固铁脚间距过大　　　　B. 锚固铁脚所采用的材料过薄

C. 四周边嵌填材料不正确　　　　D. 锚固的方法不正确

E. 框体表面保护膜未拆除

7. 【多选题】门窗框不正原因有（　　）。

A. 框在安装的过程中卡放不准　　B. 框的两个对角线长短不一

C. 框翘曲　　　　　　　　　　　D. 框偏差超过规范标准

E. 框材质为硬度不够

【答案】1. ×；2. √；3. B；4. B；5. B；6. ABCD；7. ABCD

### 考点 25：幕墙工程施工技术要求【P72～85】★ ●

巩固练习

1. 【判断题】幕墙相邻两根立柱安装标高偏差不应大于 5mm，同层立柱的最大标高偏差不应大于 3mm。　　　　　　　　　　　　　　　　　　　　　　　　　（　　）

2. 【判断题】硅酮结构胶与接触的基材相容性试验和剥离粘结力试验结果应符合设计要求。　　　　　　　　　　　　　　　　　　　　　　　　　　　　　　　（　　）

3. 【单选题】元件式幕墙玻璃与构件不得直接接触，玻璃四周与构件凹槽底应保持一定空隙，每块玻璃下部应设不少于（　　）块弹性定位垫块。

A. 1　　　　　　　　　　　　　　B. 2

C. 3　　　　　　　　　　　　　　D. 4

4. 【单选题】幕墙与主体结构之间的缝隙应采用（　　）材料堵塞。

A. 防火的保温　　　　　　　　　B. 防水

C. 高强　　　　　　　　　　　　D. 轻质

5. 【单选题】幕墙高度≤30m 时，垂直度允许偏差为（　　）mm。

A. 10　　　　　　　　　　　　　B. 20

C. 30　　　　　　　　　　　　　D. 40

6. 【单选题】石材幕墙所用石材的弯曲强度不应小于（　　）MPa。

A. 5　　　　　　　　　　　　　　B. 6

C. 7　　　　　　　　　　　　　　D. 8

7. 【单选题】石材幕墙操作工艺顺序正确的是（　　）。

A. 测量放线→安装金属骨架→安装连接件→安装防火材料→安装板材→处理板缝→幕墙收口→清理

B. 测量放线→安装连接件→安装金属骨架→安装板材→安装防火材料→处理板缝→幕墙收口→清理

C. 测量放线→安装连接件→安装金属骨架→安装防火材料→安装板材→处理板缝→幕墙收口→清理

D. 测量放线→安装连接件→安装金属骨架→安装防火材料→处理板缝→安装板材→

幕墙收口→清理

8.【多选题】按幕墙的构造分类，幕墙的种类有（　　　）。

A. 元件式幕墙　　　　　　　　　B. 单元式幕墙

C. 全玻璃幕墙　　　　　　　　　D. 点式玻璃幕墙

E. 面式玻璃幕墙

【答案】1. ×；2. √；3. B；4. A；5. A；6. D；7. C；8. ABCD

**考点 26：细部工程施工技术要求【P85～88】●**

巩固练习

1.【判断题】橱柜制作所用材料应进行防火、防腐和防虫处理。　　　　　（　　　）

2.【判断题】民用建筑护栏高度不应小于有关规范要求的数值，高层建筑的护栏高度应再适当提高，但不宜超过 1.0m。　　　　　（　　　）

3.【单选题】细部工程应进行隐蔽工程验收的部位是（　　　）。

A. 栏杆　　　　　　　　　　　　B. 预埋件

C. 扶手　　　　　　　　　　　　D. 玻璃

4.【单选题】栏杆离地面或屋面（　　　）m 高度内不应留空。

A. 0.1　　　　　　　　　　　　B. 0.2

C. 0.3　　　　　　　　　　　　D. 0.4

5.【单选题】护栏玻璃应使用公称厚度不小于（　　　）mm 的钢化玻璃或钢化夹层玻璃。

A. 10　　　　　　　　　　　　B. 12

C. 15　　　　　　　　　　　　D. 30

6.【单选题】木门窗套制作与安装所使用材料的（　　　）应符合设计要求及国家现行标准的有关规定。

A. 防水性　　　　　　　　　　　B. 放射性

C. 燃烧性能等级　　　　　　　　D. 安全性

7.【单选题】护栏和扶手安装的允许偏差项目不包括（　　　）。

A. 护栏垂直度　　　　　　　　　B. 栏杆间距

C. 扶手直线度　　　　　　　　　D. 扶手颜色

8.【多选题】窗帘盒、窗台板和散热器罩安装允许偏差检查项目有（　　　）。

A. 水平度　　　　　　　　　　　B. 上、下口直线度

C. 两端距窗洞口长度差　　　　　D. 两端出墙厚度差

E. 正、侧面垂直度

【答案】1. √；2. ×；3. B；4. A；5. B；6. C；7. D；8. ABCD

**考点 27：建筑地面工程施工技术要求【P88～98】★●**

巩固练习

1.【判断题】混凝土地面养护时间不少于 7d。 （　　）

2.【判断题】整体楼地面垫层混凝土用混凝土搅拌机进行强制搅拌，搅拌时间不小于 2min。 （　　）

3.【单选题】混凝土面层的强度等级不低于（　　），混凝土垫层的强度等级不低于 C15。

A. C15 B. C20

C. C25 D. C30

4.【单选题】待混凝土垫层强度达到（　　）MPa 后，方可进行面层施工。

A. 2 B. 1.5

C. 1.2 D. 2.5

5.【单选题】板块地面施工工艺顺序正确的是（　　）。

A. 基层处理→水泥砂浆找平层→测设十字控制线、标高线→排砖试铺→铺砖→养护→贴踢脚板面砖→勾缝

B. 水泥砂浆找平层→测设十字控制线、标高线→排砖试铺→铺砖→养护→贴踢脚板面砖→勾缝

C. 基层处理→水泥砂浆找平层→排砖试铺→铺砖→养护→贴踢脚板面砖→勾缝

D. 基层处理→水泥砂浆找平层→测设十字控制线、标高线→铺砖→养护→贴踢脚板面砖→勾缝

6.【单选题】整体地面中，水泥砂浆面层的强度等级不小于（　　）。

A. M25 B. M20

C. M30 D. M15

7.【单选题】混凝土、水泥砂浆整体楼地面面层施工中，等面层凝固后要及时洒水、喷水或撒锯末浇水养护（　　）d。

A. 7 B. 15

C. 20 D. 30

8.【单选题】板块地面施工中，当铺砖面层的砂浆强度达到（　　）MPa 时进行勾缝。

A. 1.5 B. 1.2

C. 2 D. 2.5

9.【单选题】卫生间、厨房地面应比客厅地面低（　　）mm。

A. 10 B. 5

C. 20 D. 15

10.【多选题】混凝土、水泥砂浆整体楼地面面层施工步骤有（　　）。

A. 搅拌 B. 基底处理

C. 浇筑 D. 压实

E. 养护

【答案】1. √；2. √；3. B；4. C；5. A；6. D；7. A；8. B；9. C；10. ABCDE

### 考点 28：装饰装修水电工程施工技术要求【P98～117】★●

> 巩固练习

1.【单选题】一般敞开式灯具，厂房灯头离地面距离不小于（采用安全电压时除外）
（　　）m。

A. 2
B. 2.5
C. 3
D. 3.5

2.【单选题】管道支架安装方法中，（　　）适用于墙上直形横梁的安装。

A. 栽埋法
B. 膨胀螺栓法
C. 射钉法
D. 抱柱法

3.【单选题】室内给水管道的水压试验必须符合设计要求。当设计未注明时，各种
材质的给水管道系统试验压力为工作压力的 1.5 倍，但不得小于（　　）MPa。

A. 0.5
B. 0.6
C. 0.7
D. 0.8

4.【单选题】室内给水与排水管道平行敷设时，两管之间的最小净距不得小于（　　）m。

A. 0.4
B. 0.5
C. 0.8
D. 1

5.【单选题】安装螺翼式水表，表前与阀门应有不小于（　　）倍水表接口直径的
直线管段。

A. 5
B. 6
C. 7
D. 8

6.【单选题】排水塑料管必须按设计要求位置装设伸缩节，如设计无要求时，伸缩
节间距不得大于（　　）m。

A. 1
B. 2
C. 3
D. 4

7.【单选题】埋在地下或地板下的排水管道的检查口，应设在检查井内。井底表面
标高与检查口的法兰相平，井底表面应有（　　）的坡度，坡向检查口。

A. 5%
B. 10%
C. 15%
D. 20%

8.【单选题】在通气管出口 4m 以内有门、窗时，通气管应高出门、窗顶（　　）mm
或引向无门、窗一侧。

A. 500
B. 600
C. 700
D. 800

9.【单选题】穿过墙壁的线槽四周应留出（　　）mm 的距离，并用防火枕进行封堵。

A. 50
B. 60

C. 70 D. 80

10.【单选题】线槽内导线面积总和（包括绝缘在内）不应超过线槽截面积的（　　）。

A. 10% B. 20%

C. 30% D. 40%

11.【单选题】导线之间与导线对地之间的绝缘电阻值必须大于（　　）MΩ。

A. 0.5 B. 1

C. 1.5 D. 2

12.【单选题】照明灯具使用的导线其电压等级不应低于交流（　　）V，其最小线芯截面应符合规定。

A. 300 B. 400

C. 500 D. 600

13.【单选题】采用钢管作为灯具的吊管时，钢管内径一般不小于（　　）mm。

A. 10 B. 12

C. 14 D. 16

14.【单选题】当灯具距地面高度小于（　　）m时，灯具的可接近裸露导体必须接地（PE）或接零（PEN）可靠，并应有专用接地螺栓，且有标识。

A. 2 B. 2.2

C. 2.4 D. 2.8

15.【单选题】同类照明的多支分支回路，但管内的导线总数不应超过（　　）根。

A. 7 B. 8

C. 9 D. 10

16.【单选题】危险性较大及特殊危险场所，当灯具距地面高度小于2.4m时，使用额定电压为（　　）V及以下的照明灯具，或有专用保护措施。

A. 30 B. 36

C. 50 D. 100

17.【单选题】由室内通向室外排水检查井的排水管，井内引入管应高于排出管或两管顶相平，并有不小于90°的水流转角，如跌落差大于（　　）mm可不受角度限制。

A. 100 B. 200

C. 300 D. 400

18.【多选题】室内电气系统金属线槽敷设及其配线工程施工验收标准一般项目有（　　）。

A. 线槽应安装牢固，无扭曲变形，紧固件的螺母应在线槽外侧

B. 线槽在建筑物变形缝处，应设补偿装置

C. 当采用多相供电时，同一建筑物、构筑物的电线绝缘层颜色选择应一致

D. 线槽应紧贴建筑物表面，固定牢靠，横平竖直，布置合理，盖板无翘角，接口严密整齐

E. 线槽水平或垂直敷设时的平直度和垂直度允许偏差不应超过全长的5%

【答案】1. B；2. A；3. B；4. B；5. D；6. D；7. A；8. B；9. A；10. D；11. A；12. C；13. A；14. C；15. B；16. B；17. C；18. ABCDE

# 第三章　施工进度计划的编制方法

**考点 29：施工进度计划的类型及作用**

教材点睛　教材 P118 ～ 119

**1. 施工进度计划的类型**

（1）根据施工项目划分的粗细程度：为控制性施工进度计划和指导性施工进度计划两类。

（2）控制性施工进度计划：适用于结构较复杂、规模较大、工期较长需跨年度施工的工程；或工程规模不大、结构不算复杂，但各种资源（劳动力、材料、机械）没有落实，或装饰设计的部位、材料等可能发生变化等情况。

（3）指导性施工进度计划：适用于任务具体明确、施工条件基本落实、各项资源供应正常、施工工期不长的工程。

（4）控制性施工进度计划也称为总控计划，随着工程的推进，再分解编制各分部工程指导性施工进度计划。

**2. 施工进度计划的作用**

（1）控制性进度计划的作用

1）是控制工程施工进程和工程竣工期限内等各项装饰装修工程施工活动的依据；

2）确定装饰装修工程各个工序的施工顺序、工序之间的衔接、穿插、平行搭接、协作配合等关系；

3）为制定各项资源需用量计划和编制施工准备工作计划提供依据；

4）是施工企业计划部门编制月、季、旬计划的基础；

5）控制施工进度和确保施工任务的按期完成。

（2）指导性进度计划的作用（具体指月、旬、日施工作业计划）

1）确定施工作业的具体安排；

2）确定计划范围内的人工需求（工种和相应的数量）；

3）确定计划范围内的施工机械的需求（机械名称和数量）；

4）确定计划范围内的建筑材料（包括成品、半成品和辅助材料等）的需求（建筑材料的名称和数量）；

5）确定计划范围内的资金的需求等。

**考点 30：施工进度计划的表达方法**

教材点睛 教材 P119～132

**1. 横道图进度计划的编制方法**

（1）横坐标：表示流水施工的持续时间；

（2）纵坐标：表示开展流水施工的施工过程以及专业工作队的名称、编号和数目；

（3）呈阶梯形分布的水平线段：表示流水施工的开展情况；水平线段的左边端点表示工作开始的瞬间；水平线段的右边端点表示工作结束的瞬间，水平线段的长度代表该工作在该施工段上的持续时间。

**2. 网络计划的基本概念与识读**

（1）网络计划的表达方法：分为双代号网络图和单代号网络图两大类。

（2）双代号网络图

1）双代号网络图由节点、箭线、线路三个基本要素组成。

2）网络图的逻辑关系：包括工艺关系和组织关系两大类。

3）双代号网络图的绘制原则：正确地表达各项工作之间的先后关系和逻辑关系。

【表 3-1，P123】

（3）双代号时标网络计划

1）时标网络计划的特点：兼有网络计划与横道计划的优点，它能够清楚地表明计划的时间进程，因此可直观地进行判读；能在图上直接显示出各项工作的开始与完成时间、工作的自由时差及关键线路；当情况发生变化时，对网络计划的修改比较麻烦，往往要重新绘图。

2）双代号时标网络计划的绘制要求：节点的中心必须对准时标的刻度线；以实箭线表示工作，以虚箭线表示虚工作，以水平波形线表示自由时差。

（4）单代号网络图中的每条箭线均表示相邻工作之间的逻辑关系；箭头所指的方向表示工作的进行方向；在单代号网络图中，箭线均为实箭线，没有虚箭线。箭线应保持自左向右的总方向，宜画成水平箭线或斜箭线。

（5）双代号网络计划的时间参数计算

1）时间参数：各项工作的最早开始时间（$ES_{i-j}$）、最早完成时间（$EF_{i-j}$）、最迟开始时间（$LS_{i-j}$）、最迟完成时间（$LF_{i-j}$）及工作总时差（$TF_{i-j}$）和自由时差（$FF_{i-j}$）。（六个时间参数计算需掌握）

2）计算时间参数的目的：① 确定关键线路和关键工作；② 明确非关键线路工作及在施工中时间上的机动量；③ 确定总工期。

## 考点 31：施工进度计划的检查与调整

**教材点睛** 教材 P132 ～ 139

**1. 施工进度计划的检查方法**

（1）检查内容：各预定时间节点工程量的完成情况、资源使用及进度的匹配情况、上次检查的整改情况。

（2）检查方法：横道图比较法、S 形曲线比较法、香蕉形曲线比较法、前锋线比较法。

**2. 施工进度计划偏差的纠正方法**

（1）施工工期的检查与调整

1）缩短某些工作的持续时间，制定优化措施来达到目的。具体措施包括：组织措施、技术措施、经济措施、其他配套措施，如改善外部配合条件、劳动条件，实施强有力的调度等。

2）改变某些工作间的逻辑关系。通过改变关键线路和超过计划工期的非关键线路上的有关工作之间的逻辑关系，达到缩短工期的目的。

3）其他方法。可以同时利用缩短工作持续时间和改变工作之间的逻辑关系等两种方法，对同一施工进度计划进行调整，以满足工期目标的要求。

（2）施工顺序的检查与调整：应从技术上、工艺上、组织上检查各个施工过程的安排是否合理，如有不当之处，应予修改或调整。

（3）资源均衡性的检查与调整：避免劳动力、机械、材料等的供应与使用过分集中，尽量做到均衡分布。

**3. 建筑装饰装修工程施工过程是一个很复杂的过程**

该过程会受各种条件和因素的影响，在施工进度计划的执行过程中，应遵循动态管理的基本原理，在施工过程中不断地进行计划执行、检查、调整或重新计划的动态控制，增加计划的实用性。

**巩固练习**

1. 【判断题】控制性施工进度计划以单位工程作为施工项目划分对象。　　（　　）

2. 【判断题】编制控制性施工进度计划的工程，当各分部工程的施工条件基本落实之后，在施工之前还应编制各分部工程的指导性施工进度计划。　　（　　）

3. 【判断题】横道图横坐标表示流水施工的名称、编号和数目，纵坐标表示流水施工的持续时间。　　（　　）

4. 【判断题】所谓网络图是指由箭头和节点组成的、用来表示工作流程的复杂、无序的网状图形。　　（　　）

5. 【判断题】双代号网络图由箭线、节点、线路三个基本要素组成。　　（　　）

6. 【判断题】双代号网络计划中，表示前后相邻工作之间的逻辑关系，占用时间，但不耗用资源的虚拟的工作称为虚工作。　　（　　）

7.【判断题】双代号网络图中，允许出现带有双向箭头或无箭头的连线。（　　）

8.【判断题】时标网络计划能在图上直接显示出各项工作的开始与完成时间、工作的自由时差及关键线路。（　　）

9.【单选题】施工进度计划根据施工项目划分的粗细程度可分为（　　）。

A. 年进度计划和实施性进度计划

B. 控制性施工进度计划和实施性进度计划

C. 季进度计划和实施性进度计划

D. 指导性施工进度计划和控制性施工进度计划

10.【单选题】进度计划的基本组成单元是（　　）。

A. 施工项目　　　　　　　　　　B. 单位工程

C. 分项工程　　　　　　　　　　D. 分部工程

11.【单选题】在不影响总工期的前提下，本工作可以利用的机动时间称为（　　）。

A. 自由时差　　　　　　　　　　B. 总时差

C. 最迟开始时间　　　　　　　　D. 最早结束时间

12.【单选题】施工进度计划的检查方法中匀速进展横道图比较法，对比分析实际进度与计划进度时，涂黑的粗线右端在检查日期的右侧，表明（　　）。

A. 实际进度超前　　　　　　　　B. 实际进度拖后

C. 实际进度与计划进度一致　　　D. 实际进度超前或拖后

13.【多选题】检查和调整施工进度计划包括（　　）方面。

A. 施工工期的检查与调整　　　　B. 施工方案的检查与调整

C. 施工顺序的检查与调整　　　　D. 资源均衡性的检查与调整

E. 施工组织的检查与调整

14.【多选题】施工进度计划根据施工项目划分的粗细程度可分为（　　）。

A. 年进度计划　　　　　　　　　B. 控制性施工进度计划

C. 季进度计划　　　　　　　　　D. 指导性施工进度计划

E. 月进度计划

15.【多选题】指导性施工进度计划适用于（　　）的工程。

A. 任务具体明确　　　　　　　　B. 施工条件基本落实

C. 结构较复杂　　　　　　　　　D. 各项资源供应正常

E. 施工工期不太长

16.【多选题】控制性施工进度计划主要适用于（　　）的工程，同时还适用于虽然工程规模不大、结构不算复杂，但各种资源没有落实，或者由于装饰设计的部位、材料等可能发生变化以及其他各种情况。

A. 任务具体明确　　　　　　　　B. 结构较复杂

C. 规模较大　　　　　　　　　　D. 工期较长、需跨年度施工

E. 施工工期不太长

17.【多选题】建筑装饰装修工程施工进度计划的作用表现在（　　）。

A. 是控制工程施工进程和工程竣工期限等各项装饰装修工程施工活动的依据

B. 确定装饰装修工程各个工序的施工顺序及需要的施工持续时间

C. 组织协调各个工序之间的衔接、穿插、平行搭接、协作配合等关系

D. 指导现场施工安排，控制施工进度和确保施工任务的按期完成

E. 为制订各项资源需用量计划和编制施工准备工作计划提供依据

18.【多选题】网络图中，按节点和箭线所代表的含义不同，可分为（　　　）。

A. 单代号网络图
B. 双代号网络图

C. 横道图
D. 单箭头网络图

E. 双箭头网络图

【答案】1. ×；2. √；3. ×；4. ×；5. √；6. ×；7. ×；8. √；9. D；10. A；11. B；12. A；13. ACD；14. BD；15. ABDE；16. BCD；17. ABCDE；18. AB

# 第四章　职业健康安全管理与环境管理的基本知识

## 第一节　职业健康安全管理与环境管理体系

**考点 32：职业健康安全与环境管理体系介绍**

教材点睛　教材 P140 ～ 143

**1. 职业健康安全管理与环境管理的目的**

（1）建设工程职业健康安全管理的目的

1）防止和减少生产安全事故、保护产品生产者的健康与安全、保障人民群众的生命和财产免受损失。

2）控制影响工作场所内所有人员的健康和安全的条件和因素。

3）考虑和避免因管理不当对员工健康和安全造成的危害。

（2）建设工程施工环境管理的目的

1）保护和改善施工现场的环境。

2）控制施工现场的各种粉尘、废水、废气、固体废弃物以及噪声、振动对环境的污染和危害。

3）注重对资源的节约和避免资源的浪费。

**2. 职业健康安全管理与环境管理的基本要求**

（1）建设工程职业健康安全管理的基本要求

1）坚持安全第一、预防为主和防治结合的方针，建立职业健康安全管理体系并持续改进管理工作。

2）施工企业对本企业的安全生产负全面责任。企业的法定代表人是安全生产的第一负责人，项目负责人是施工项目生产主要负责人。项目负责人和专职安全生产管理人员应持证上岗。

3）工程设计阶段，设计单位应按照有关法律法规的规定和强制性标准的要求，进行安全保护设施的设计。

4）在工程施工阶段，施工企业应根据风险预防要求和项目的特点，制定职业健康安全生产技术措施计划。

5）建设工程实行总承包的，总承包单位对施工现场的安全生产负总责，分包单位应服从总包的管理；如分包单位管理导致生产安全事故的，分包单位承担主要责任，总承包单位承担连带责任。

6）应明确和落实工程安全环保设施费用、安全文明施工和环境保护措施费等各项费用。

7）施工企业应按有关规定必须为从事危险作业的人员在现场工作期间办理意外伤害保险。

8）现场应将生产区与生活、办公区分离，配备紧急处理医疗设施，使现场的生活设施符合卫生防疫要求。

9）工程施工职业健康安全管理应遵循下列程序：识别危险源→确定职业健康安全目标→制定并实施项目职业健康安全技术措施计划→实施结果验证→持续改进相关措施和绩效。

（2）建设工程施工环境管理的基本要求

1）工程施工应符合国家有关法律法规及该区域内建设工程项目环境管理的规定。

2）建设工程应当采用节能、节水等有利于环境与资源保护的建筑设计方案、建筑材料、建筑构配件及设备。禁止生产、销售和使用有毒、有害物质超过国家标准的建筑材料和装修材料。

3）建设工程项目中防治污染的设施，必须与主体工程同时设计、同时施工、同时投产使用。

4）尽量减少建设工程施工所产生的噪声对周围生活环境的影响。

5）拟采取的污染防治措施应确保污染物排放达到国家和地方规定的排放标准，满足污染物总量控制要求。

6）应采取生态保护措施，有效预防和控制生态破坏。

7）禁止引进不符合我国环境保护规定要求的技术和设备。

8）任何单位不得将产生严重污染的生产设备转移给没有污染防治能力的单位使用。

**3. 职业健康安全管理体系与环境管理体系的建立步骤**

领导决策→成立工作组→人员培训→初始状态评审→制定方针、目标、指标和管理方案→管理体系策划与设计→体系文件编写（管理手册、程序文件、作业文件）→文件的审查、审批和发布。

**4. 职业健康安全管理体系与环境管理体系的管理措施**

内部审核、管理评审、合规性评价。

巩固练习

1.【判断题】除设有符合规定的装置外，不得在施工现场熔融沥青或者焚烧油毡、油漆，以及其他会产生有毒有害烟尘和恶臭气体的物质。 （　　）

2.【判断题】凡在居民密集区进行强噪声施工作业时，要严格控制施工作业时间，晚间作业不超过20时，早晨作业不早于7时。 （　　）

3.【单选题】关于现场大门和围挡设置，以下表述正确的是（　　）。

A. 施工现场设置钢制大门，大门牢固美观，高度不宜低于5m，大门上应标有企业

标识

B. 围挡的高度：市区主要路段不宜低于 2.5m，一般路段不低于 1.5m

C. 围挡材料应选用砌体、金属板材等硬质材料，禁止使用彩条布、竹笆、安全网等易变形材料

D. 建设工程外侧周边使用密目式安全网（1000 目 /100cm$^2$）进行防护

4.【单选题】施工现场安全"五标志"，是指（　　　）。

A. 指令标志、禁止标志、警告标志、电力安全标志、危险标志

B. 指令标志、交通标志、警告标志、电力安全标志、提示标志

C. 指令标志、禁止标志、警告标志、消防标志、提示标志

D. 指令标志、禁止标志、警告标志、电力安全标志、提示标志

5.【单选题】关于施工现场安全防护布置，错误的是（　　　）。

A. 通道口设防护棚，防护棚应为不小于 5cm 厚的木板或两道相距 50cm 的竹笆

B. 预留洞口用木板封闭防护，对于短边超过 1.5cm 长的洞口，除封闭外四周还应设有防护栏杆

C. 在电梯井内每隔一层（不大于 10m）设置一道安全平网

D. 通道口设防护棚，两侧应沿栏杆架用密目式安全网封闭

6.【单选题】根据环境科学理论，可将固体废物的治理防腐概括为无害化、安定化和（　　　）三种。

A. 填埋化 　　　　　　　　　　　B. 浓缩化

C. 减量化 　　　　　　　　　　　D. 膨胀化

7.【多选题】关于施工现场防火措施，以下表述正确的是（　　　）。

A. 对于临时线路要加强管理和检查，防止因产生电火花造成火灾

B. 临时用房、仓库必须留出足量的消防通道，以备应急之用

C. 对易燃物品仓库选址要远离施工人员宿舍及火源存在区域，同时要增加防护设施

D. 配备足量的消防器材、用具和水源，并保证其常备有效，做到防患于未然

E. 施工现场必须按上级要求建立专职消防队，成员应进行消防专业知识培训和教育，做到有备无患

8.【多选题】关于预防中毒事故的防护措施，以下表述正确的是（　　　）。

A. 宿舍内严禁存放有毒有害及化学物品

B. 凡从事有毒有害化学物品作业时，作业人员必须佩戴防毒面具，并保证通风良好

C. 现场严禁使用明火照明，以防止煤气中毒事故

D. 进行电焊工作时，不能用自动焊代替手工焊

E. 食堂内严禁非炊事人员进入，炊事人员不能留长指甲，并保持个人卫生清洁，对食堂做到每日清扫

【答案】1. √；2. ×；3. C；4. D；5. C；6. C；7. ABCD；8. ABCE

# 第二节 建筑装饰工程施工安全管理

**考点 33：施工安全生产管理制度体系的建立应遵循的原则**

**教材点睛** 教材 P143 ～ 144

（1）应贯彻"安全第一，预防为主"的方针，建立健全安全生产责任制和群防群治制度。

（2）施工安全生产管理体系的建立，必须适用于工程施工全过程的安全管理和控制。

（3）施工安全生产管理体系必须符合的法律法规。

1）《中华人民共和国建筑法》

2）《中华人民共和国安全生产法》

3）《建设工程安全生产管理条例》

4）《安全生产许可证条例》

5）《生产安全事故报告和调查处理条例》

6）《特种设备安全监察条例》

7）《职业安全卫生管理体系标准》

8）《职业健康安全管理体系要求及使用指南》GB/T 45001—2020

9）《建设工程项目管理规范》GB/T 50326—2017

10）国际劳工组织 167 号公约等法律、行政法规及规程的要求。

（4）项目经理部应根据本企业的安全生产管理制度体系，结合各项目的实际情况加以充实。

（5）企业应加强对施工项目安全生产管理，指导、帮助项目经理部建立和实施安全生产管理制度体系。

（6）企业应按照相关规定实施项目安全生产管理评价，评估项目安全生产能力满足规定要求的程度。

**巩固练习**

1.【判断题】施工安全生产管理制度体系应贯彻"安全第一，预防为主"的方针，建立健全安全生产责任制和群防群治制度。 （ ）

2.【判断题】施工企业应按照相关规定实施项目安全生产管理评价，评估项目安全生产能力满足规定要求的程度。 （ ）

3.【单选题】施工安全生产管理体系必须符合的法律法规不包括（ ）。

A.《中华人民共和国建筑法》　　　　B.《中华人民共和国安全生产法》

C.《质量管理条例》　　　　　　　　D.《特种设备安全监察条例》

【答案】1. √；2. √；3. C

## 考点34：安全生产管理制度主要内容

教材点睛 教材 P144～150

**1. 安全生产责任制度**

（1）是最基本的安全管理制度，是所有安全生产管理制度的核心。

（2）按照安全生产管理方针和"管生产的同时必须管安全"的原则，分解安全生产职责落实到人。

（3）施工现场应按工程项目大小配备专（兼）职安全人员

1）建筑面积1万 $m^2$ 以下的工地至少有1名专职人员；

2）建筑面积1万 $m^2$ 以上的工地设2～3名专职人员；

3）建筑面积5万 $m^2$ 以上的大型工地，按不同专业组成安全管理组进行安全监督检查。

（4）安全生产责任制的层级关系可分为横纵两个方向，纵向是各级人员的安全生产责任制，横向是各个部门的安全生产责任制，如此才能建立健全安全生产责任制，做到群防群治。

**2. 安全生产许可证制度**

（1）施工企业应当依照《安全生产许可证条例》的规定向安全生产许可证颁发管理机关申请领取安全生产许可证。严禁未取得安全生产许可证的建筑施工企业从事建筑施工活动。

（2）安全生产许可证的有效期为3年。安全生产许可证有效期满需要延期的，企业应当于期满前3个月向原安全生产许可证颁发管理机关办理延期手续。

（3）企业在安全生产许可证有效期内，严格遵守有关安全生产的法律法规，未发生死亡事故的，经原安全生产许可证的颁发管理机关同意，不再审查，安全生产许可证有效期延期3年。

（4）企业不得转让、冒用安全生产许可证或者使用伪造的安全生产许可证。

**3. 安全教育培训制度**

包括对管理人员、特种作业人员和企业员工的安全教育。

（1）管理人员的安全教育：分为企业领导；项目经理、技术负责人和技术干部；行政管理干部；企业安全管理人员；班组长和安全员等层次的安全教育。

（2）特种作业人员的安全教育

1）特种作业具备的特点：独立性、危险性、特殊性。

2）特种作业人员的安全教育

①安全培训重点应放在提高其安全操作技术和预防事故的实际能力上。

②培训后，经考核合格方可取得操作证，并准许独立作业。

③取得操作证的特种作业人员，必须定期进行复审。特种作业操作证每3年复审1次。

④在特种作业操作证有效期内，连续从事本工种10年以上，严格遵守有关安全

生产法律法规的，经原考核发证机关或者从业所在地考核发证机关同意，特种作业操作证的复审时间可以延长至每6年1次。

（3）企业员工的安全教育主要有：新员工上岗前的三级安全教育、改变工艺和变换岗位时的安全教育、经常性安全教育三种形式。

**4. 安全措施计划制度**

（1）安全措施计划的范围：包括改善劳动条件、防止事故发生、预防职业病和职业中毒等内容。

（2）安全措施计划制度包括：安全技术措施、职业卫生措施、辅助用房间及设施、安全宣传教育措施。

**5. 严重危及施工安全的工艺、设备、材料淘汰制度**

（1）国家对严重危及施工安全的工艺设备、材料实行淘汰制度。具体目录由国务院建设行政主管部门会同国务院其他有关部门制定并公布。

（2）对于已经公布的严重危及施工安全的工艺、设备和材料，建设单位和施工单位都应当严格遵守和执行，不得继续使用此类工艺和设备，也不得转让他人使用。

**6. 施工起重机械使用登记制度**

施工单位应自起重机械和整体提升脚手架、模板等自升式架设设施验收合格之日起30日内，向建设行政主管部门或其他有关部门登记。登记标志应置于或附着于设备的显著位置。

**7. 安全检查制度**

（1）安全检查的目的：清除隐患、防止事故、改善劳动条件。

（2）安全检查的方式：定期安全检查；日常巡回安全检查；专业性安全检查；季节性安全检查；节假日前后的安全检查；班组自检、互检、交接检查；不定期安全检查等。

（3）安全检查的内容：包括查思想、查管理、查隐患、查整改、查伤亡事故处理等。安全检查的重点是检查"三违"和安全责任制的落实。

（4）安全隐患的处理程序：登记→整改→复查→销案。

**8. 生产安全事故报告和调查处理制度**

（1）生产经营单位发生生产安全事故后，事故现场有关人员应当立即报告本单位负责人。

（2）单位负责人接到事故报告后，应当迅速采取有效措施，组织抢救，防止事故扩大，减少人员伤亡和财产损失，并按照国家有关规定立即如实报告当地负有安全生产监督管理职责的部门，不得隐瞒不报、谎报。

（3）特种设备发生事故的，还应当同时向特种设备安全监督管理部门报告。

**9. "三同时"制度**

新建、改建、扩建工程的劳动安全卫生设施必须与主体工程同时设计、同时施工、同时投入生产和使用。

**10. 安全预评价制度**

根据建设项目可行性研究报告内容，分析和预测该建设项目可能存在的危险、有害因素的种类和程度，提出合理可行的安全对策措施及建议。

**11. 工伤和意外伤害保险制度**

建筑施工企业应当依法为职工参加工伤保险缴纳工伤保险费。工伤保险是属于法定的强制性保险。

巩固练习

1.【判断题】为防止高处坠落事故的发生，在工程施工前对所从事高处作业的人员进行安全基本知识，安全注意事项等安全技术交底。　　　　　　　　　　（　　）

2.【判断题】施工作业人员进场后，按不同层次（项目部、施工队、班组）进行三级教育工作。　　　　　　　　　　　　　　　　　　　　　　　　　　　　（　　）

3.【判断题】专职电工对现场电气设备每天进行巡查，项目部每月、公司每季对施工用电系统、漏电保护器进行一次全面系统的检查。　　　　　　　　　　（　　）

4.【判断题】对易燃物品仓库选址要远离施工人员宿舍及火源存在区域，同时要增加防护设施。　　　　　　　　　　　　　　　　　　　　　　　　　　　　（　　）

5.【判断题】施工现场必须按上级要求建立专职消防队，成员应进行消防专业知识培训和教育，做到有备无患。　　　　　　　　　　　　　　　　　　　　（　　）

6.【单选题】下列不属于施工现场事故处理的是（　　　　）。

A. 施工现场水污染的处理　　　　　　　B. 施工现场噪声污染的处理

C. 施工现场空气污染的处理　　　　　　D. 施工现场有害气体的处理

7.【单选题】配电箱设在干燥通风的场所，周围不得堆放任何妨碍操作、维修的物品，并与被控制的固定设备距离不得超过（　　　　）m。

A. 5　　　　　　　　　　　　　　　　B. 6

C. 3　　　　　　　　　　　　　　　　D. 2

8.【单选题】照明专用回路设置漏电保护器，灯具金属外壳作接零保护，室内线路及灯具安装高度（　　　　）m 的应有使用安全电压。

A. 高于 2.5　　　　　　　　　　　　B. 低于 2.5

C. 高于 1.5　　　　　　　　　　　　D. 低于 15

9.【多选题】施工现场事故的处理包括（　　　　）。

A. 施工现场水污染的处理　　　　　　B. 施工现场噪声污染的处理

C. 施工现场空气污染的处理　　　　　D. 施工现场固体废物的处理

E. 施工现场有害气体的处理

【答案】1. √；2. √；3. ×；4. √；5. ×；6. D；7. C；8. B；9. ABCD

**考点 35：危险源的识别和风险控制 ★ ●**

**教材点睛** 教材 P150～152

**1. 危险源识别**

（1）危险源分为两大类，即第一类危险源和第二类危险源。

1）第一类危险源是事故的主体，决定事故的严重程度。

2）第二类危险源出现的难易，决定事故发生可能性的大小。

（2）危险源的识别：在进行危险源识别时，可参照《生产过程危险和有害因素分类与代码》GB/T 13861—2022 的分类和编码。

（3）危险源的识别方法：询问交谈、现场观察、查阅有关记录、获取外部信息、工作任务分析、安全检查表、危险与操作性研究、事故树分析、故障树分析等。

**2. 风险控制**

（1）风险等级评估结果分为可忽略风险、可容许风险、中度风险、重大风险、不容许风险五个风险等级。

（2）风险控制策划：风险评价后，应分别列出所有识别的危险源和重大危险源清单，进行优先排序，制定风险控制措施计划或管理方案。

（3）风险控制计划评估主要内容包括：① 更改的措施是否使风险降低至可允许水平；② 是否产生新的危险源；③ 是否已选定了成本效益最佳的解决方案；④ 更改的预防措施是否能得以全面落实。

（4）风险控制方法

1）第一类危险源控制方法：采取消除危险源、限制能量和隔离危险物质、个体防护、应急救援等方法。

2）第二类危险源控制方法：采取提高各类设施的可靠性以消除或减少故障、增加安全系数、设置安全监控系统、改善作业环境等方法。

**巩固练习**

1.【判断题】高处坠落危险源包括：凡在基准面 1.5m（含 1.5m）以上作业，建筑物四口五临边、攀登、悬空作业及雨天进行的高处作业，可能导致人身伤害的作业点和工作面。　　　　　　　　　　　　　　　　　　　　　　　　　　　（　　）

2.【判断题】危险源分为两大类，即第一类危险源和第二类危险源。　（　　）

3.【判断题】第一类危险源是事故发生的前提，第二类危险源是第一类危险源导致事故的必要条件。　　　　　　　　　　　　　　　　　　　　　　　　（　　）

4.【单选题】第一类危险源危险性的大小主要影响的因素不包括（　　）。

A. 能量或危险物质的量　　　　　　　B. 能量或危险物质意外释放的强度

C. 能量或危险物质的种类　　　　　　D. 意外释放的能量或危险物质的影响范围

5.【单选题】风险控制措施计划在实施前进行评估的主要内容不包括（　　）。

A. 是否已选定了成本效益最佳的解决方案

B. 是否产生新的危险源

C. 更改的预防措施是否能得以全面落实

D. 更改的措施是否使风险提高至可允许水平

6.【单选题】危险源造成风险的分级不包括（　　）。

A. 可容许风险 　　　　　　　　　　B. 可忽略风险

C. 不容许风险 　　　　　　　　　　D. 较小风险

7.【多选题】下列关于预防高处坠落事故的防护措施表述正确的是（　　）。

A. 为防止高处坠落事故的发生，在工程施工前对所从事高处作业的人员进行安全基本知识、安全注意事项等安全技术交底

B. 凡患有高血压、心脏病及不宜高处作业的人员，严禁参加高处作业工作

C. 对所有预留洞口，必须加木盖进行防护，凡超过1000mm的洞口应在上方铺设厚度不小于40mm的模板，并在下方支挂安全网

D. 对所有临边，如悬挑临边可用预留的钢筋按规定绑扎严密，施工梯和进料便道临边加防护栏杆，上栏杆在1.2m处，下栏杆在0.6m处各设一道，栏杆间距不大于1.5m，并在0.15m处加挡脚手栏杆

E. 施工作业人员进场后，按不同层次（项目部、施工队、班组）进行三级教育工作

8.【多选题】关于预防触电事故的防护措施，以下表述正确的是（　　）。

A. 专职电工对现场电气设备每天进行巡查，项目部每月、公司每季对施工用电系统、漏电保护器进行一次全面系统的检查

B. 在建工程外侧与外电高压线路未达到安全距离应增设屏障遮拦、围栏或保护网等防护

C. 必须由持有上岗证件的专职电工，负责现场临时用电的管理及安拆

D. 凡从事与用电有关的施工作业时，必须实行电工跟班作业

E. 使用移动电气工具和混凝土振捣作业时，必须按规定穿戴绝缘防护用品

【答案】1. ×；2. √；3. √；4. C；5. D；6. D；7. ABE；8. BCDE

## 考点36：生产安全事故应急预案和事故处理●

教材点睛 教材P152～154

**1. 生产安全事故应急预案的构成**

针对各级各类可能发生的事故和所有危险源制订专项应急预案和现场应急处置方案，并明确事前、事中、事后的各个过程中相关部门和有关人员的职责。

**2. 生产安全事故处理**

（1）按照生产安全事故造成的人员伤亡或直接经济损失分类

1）特别重大事故：死亡≥30人，或重伤≥100人（包括急性工业中毒，下同），或直接经济损失≥1亿元的事故；

2）重大事故：10人≤死亡＜30人，或50人≤重伤＜100人，或5000万元≤直接经济损失＜1亿元的事故；

3）较大事故：3人≤死亡＜10人，或10人≤重伤＜50人，或1000万元≤直接经济损失＜5000万元的事故；

4）一般事故：死亡＜3人，或重伤＜10人，或直接经济损失＜1000万元的事故。

（2）生产安全事故的处理

1）生产安全事故报告和调查处理的原则"四不放过"：事故原因没有查清不放过；责任人员没有受到处理不放过；整改措施没有落实不放过；有关人员没有受到教育不放过。

2）生产安全事故报告的要求

① 施工单位事故报告要求：生产安全事故发生后，现场人员应立即向施工单位负责人报告。施工单位负责人接到报告后，应当在1h内向事故发生地县级以上人民政府建设主管部门和有关部门报告。

② 建设主管部门事故报告要求：接到事故报告后，应当按规定逐级上报事故情况，每级上报的时间不得超过2h，并通知安全生产监督管理部门、公安机关、劳动保障行政主管部门、工会和人民检察院。

③ 事故报告的内容包括：事故发生的时间、地点和工程项目、有关单位名称；事故的简要经过；事故已经造成或者可能造成的伤亡人数（包括下落不明的人数）和初步估计的直接经济损失；事故的初步原因；事故发生后采取的措施及事故控制情况；事故报告单位或报告人员；其他应当报告的情况。事故报告后出现新情况，以及事故发生之日起30日内伤亡人数发生变化的，应当及时补报。

3）事故调查报告的内容应包括：事故发生单位概况；事故发生经过和事故救援情况；事故造成的人员伤亡和直接经济损失；事故发生的原因和事故性质；事故责任的认定和对事故责任者的处理建议；事故防范和整改措施。事故调查报告应当附具有关证据材料，事故调查组成员应当在事故调查报告上签名。

4）事故处理包括：事故现场处理、事故登记、事故分析记录、安全事故月报制度。

巩固练习

1.【判断题】重大事故，是指造成10人以上30人以下死亡，或者50人以上100人以下重伤，或者5000万元以上1亿元以下直接经济损失的事故。　　　　　（　　　）

2.【判断题】根据国家法律法规的要求，在进行生产安全事故报告和调查处理时，要坚持实事求是、尊重科学原则的态度，及时、准确地查明事故原因，明确事故责任，使责任人受到追究。　　　　　　　　　　　　　　　　　　　（　　　）

3.【单选题】关于事故的等级，以下表述错误的是（　　　）。

A. 重大事故，是指造成10人以上30人以下死亡，或者50人以上100人以下重伤，

或者 5000 万元以上 1 亿元以下直接经济损失的事故

B. 较大事故，是指造成 5 人以上 10 人以下死亡，或者 10 人以上 50 人以下重伤，或者 1000 万元以上 5000 万元以下直接经济损失的事故

C. 一般事故，是指造成 3 人以下死亡，或者 10 人以下重伤，或者 1000 万元以下 100 万元以上直接经济损失的事故

D. 等级划分所称的"以上"包括本数，所称的"以下"不包括本数

4. 【多选题】建筑装饰工程施工安全事故按伤害程度分为（       ）。

A. 小伤                                B. 轻伤

C. 重伤                                D. 死亡

E. 特别重伤

5. 【多选题】按生产安全事故造成的人员伤亡或直接经济损失，事故一般分为（       ）。

A. 特别重大事故                    B. 重大事故

C. 较大事故                          D. 一般事故

E. 可忽略事故

6. 【多选题】关于实施事故处理"四不放过"原则，表述正确的是（       ）。

A. 事故原因未查明不放过          B. 事故责任者和员工未受到教育不放过

C. 事故责任者未处理不放过       D. 整改措施未落实不放过

E. 事故单位未处罚不放过

【答案】1. √；2. √；3. B；4. BCD；5. ABCD；6. ABCD

# 第五章　工程质量管理的基本知识

## 第一节　工程质量与工程质量管理概念和特点

**考点 37：工程质量与工程质量管理概念**

教材点睛 教材 P155 ～ 157

**1. 工程质量的特性与特点**

（1）建设工程质量的特性：适用性、耐久性、安全性、可靠性、经济性、与环境的协调性 6 个特性。

（2）建筑工程质量的特点：影响因素多、质量波动大、质量隐蔽性、终检的局限性、评价方法的特殊性。

**2. 工程质量管理的特点**

（1）工程项目的质量特性较多。

（2）工程项目形体庞大，高投入，周期长，牵涉面广，具有风险性。

（3）影响工程项目质量因素多。

（4）工程项目质量管理难度较大。

（5）工程项目质量具有隐蔽性。

**3. 工程质量要达到的基本要求**

工程实体满足适用性、安全性、经济性、耐久性基础上，满足施工合同要求、设计要求及符合国家和行业标准、规范。

**4. 施工质量的影响因素及质量管理原则**

（1）影响工程质量的因素：人员素质、工程材料、机械设备、方法（工艺和操作方法）、环境条件。

（2）质量管理原则：质量第一、用户至上、预防为主、全员参与、数据说话、不断提高。

巩固练习

1.【判断题】工程项目形体庞大，高投入，周期长，牵涉面广，具有风险性。

（　　）

2.【判断题】建设工程质量的特性主要表现在 6 个方面：实用性、耐久性、安全性、可靠性、经济性与环境协调性。

（　　）

3.【判断题】建设工程质量是指工程满足业主需要的，符合国家法律、法规、技术

规范标准、设计文件及合同规定的特性综合。 （     ）

4.【判断题】为了保证建设工程质量，我国规定对工程所使用的主要材料、半成品、构配件以及施工过程留置的试块、试件等应实行现场见证取样送检。 （     ）

5.【判断题】建设工程项目质量的影响因素主要是指在建设工程项目质量目标策划、决策和实现过程中影响质量形成的各种客观因素和主观因素。 （     ）

6.【单选题】下列不属于工程质量管理特点的是（     ）。

A. 工程项目的质量特性较多

B. 工程项目形体庞大，高投入，周期长，牵涉面广，具有风险性

C. 影响工程项目质量的因素多

D. 工程项目质量具有局限性

7.【单选题】工程实体质量要达到的基本要求不包括满足（     ）。

A. 适用性　　　　　　　　　　　B. 经济性

C. 合理性　　　　　　　　　　　D. 耐久性

8.【多选题】建设工程质量的特性主要表现在（     ）。

A. 特殊性　　　　　　　　　　　B. 局限性

C. 隐蔽性　　　　　　　　　　　D. 耐久性

E. 经济性

9.【多选题】影响工程质量的因素有（     ）。

A. 人员素质　　　　　　　　　　B. 管理途径

C. 机械设备　　　　　　　　　　D. 环境条件

E. 工程材料

10.【多选题】人员的素质，即人的（     ）。

A. 文化水平　　　　　　　　　　B. 技术水平

C. 决策能力　　　　　　　　　　D. 思维方式

E. 身体素质

11.【多选题】工程材料泛指构成工程实体的各类建筑（     ）。

A. 材料　　　　　　　　　　　　B. 构配件

C. 半成品　　　　　　　　　　　D. 预制构件

E. 各种工具

12.【多选题】工程材料选用是否合理、产品是否合格、材质是否经过检验、保管是否得当等，都将直接影响建设工程的（     ）。

A. 结构刚度和强度　　　　　　　B. 工程外表及观感

C. 工程寿命　　　　　　　　　　D. 使用功能

E. 使用安全

13.【多选题】机械设备可分为（     ）。

A. 组成工程实体及配套的工艺设备　　B. 组成工程实体及配套的各类机具

C. 施工过程中使用的各类机具设备　　D. 施工过程中使用的各类工艺设备

E. 服务人的各类机具设备

14.【多选题】影响工程质量的因素分析中的方法是指（     ）。

A. 工艺方法 　　　　　　　　B. 技术方法

C. 施工方案 　　　　　　　　D. 操作方法

E. 管理方法

15.【多选题】环境条件是指对工程质量特性起重要作用的环境因素，包括（　　　）。

A. 工程技术环境 　　　　　　B. 工程作业环境

C. 工程管理环境 　　　　　　D. 人文环境

E. 周边环境

16.【多选题】下列属于质量管理原则的是（　　　）。

A. 以顾客为关注焦点 　　　　B. 领导作用

C. 全员参与 　　　　　　　　D. 过程方法

E. 管理的系统方法

【答案】1. √；2. ×；3. √；4. √；5. √；6. D；7. C；8. DE；9. ACDE；10. ABCE；11. ABC；12. ABDE；13. ABC；14. ACD；15. ABCE；16. ABCDE

# 第二节　装饰装修工程施工质量控制

### 考点 38：工程施工质量控制内容 ★ ●

**教材点睛** 教材 P157 ～ 166

**1. 施工质量控制的基本环节**

分为质量的事前控制、事中控制和事后控制三个环节。

**2. 施工质量控制的一般方法**

质量文件审核、现场质量检查。

**3. 施工准备阶段的质量控制**

（1）施工准备阶段质量控制

1）施工技术准备工作主要包括：熟悉施工图纸，组织设计交底和图纸审查，工程项目检查验收的项目划分和编号，审核相关质量文件，细化施工技术方案和施工人员、机具的配置方案，编制施工作业技术指导书，绘制各种施工详图，进行必要的技术交底和技术培训。

2）质量控制内容包括：对上述技术准备工作成果的复核审查，是否符合设计图纸和相关技术规范、规程的要求；依据经过审批的质量计划，审查、完善施工质量控制措施；针对质量控制点，明确质量控制的重点对象和控制方法；尽可能地提高本阶段工作成果对施工质量的保证程度等。

（2）现场施工准备工作的质量控制包括：计量控制，测量控制，施工平面图控制，工程质量检查验收的项目划分等。

**4. 施工过程的质量控制**

（1）工序施工质量控制主要包括工序施工条件质量控制和工序施工效果质量控制。

1）工序施工条件控制手段主要有检查、测试、试验、跟踪监督等。

2）工序施工效果控制途径：实测获取数据、统计分析所获取的数据、判断认定质量等级和纠正质量偏差。

（2）施工作业质量的自控

1）自控要求：预防为主，重点控制，坚持标准，记录完整。

2）自控制度：自检制度，例会制度，会诊制度，样板制度，挂牌制度，年度奖励制度等。

（3）施工作业质量的监控

1）施工作业质量的监控主体：建设单位、监理单位、设计单位及政府的工程质量监督部门。

2）现场质量检查

① 检查内容包括：开工前的检查，工序交接检查，隐蔽工程的检查，停工后复工的检查，分项分部工程完工后的检查，成品保护的检查等。

② 现场质量检查的方法包括：目测法（看、摸、敲、照），实测法（靠、量、吊、套），试验法。

3）技术核定与见证取样送检

（4）隐蔽工程验收与成品质量保护

1）隐蔽工程验收：验收单所列的验收内容应与已完的隐蔽工程实物相一致，并事先通知监理机构及有关方面，按约定时间进行验收。验收合格的隐蔽工程由各方共同签署验收记录严格隐蔽工程验收的程序和记录，对于预防工程质量隐患，提供可追溯质量记录具有重要作用。

2）施工成品质量保护的目的：避免已完施工成品受到来自后续施工以及其他方面的污染或损坏。成品形成后可采取防护、覆盖、封闭、包裹等相应措施进行保护。

**5. 设置施工质量控制点的原则和方法**

（1）建筑装饰装修工程质量控制点的设置，详见表 5-1。【P164～165】

（2）质量控制点的重点控制对象主要包括：人的行为，材料的质量与性能，施工方法与关键操作，施工技术参数，技术间歇，施工顺序，易发生或常见的质量通病，新技术、新材料及新工艺的应用，产品质量不稳定和不合格率较高的工序，特殊地基或特种结构。

（3）质量控制点的管理：①做好施工质量控制点的事前预控；②做好班前技术质量交底工作；③技术、质量管理人员做好施工过程指导与检查验收工作；④做好质量控制点的动态设置与跟踪管理。

考点 39：主要分项装饰装修工程施工质量控制点预防措施【P167~171】

考点 40：主要分项装饰装修工程施工成品质量保护措施【P171~174】

**巩固练习**

1.【判断题】验收不合格的隐蔽工程，应按验收整改意见进行整改后重新验收。
（　　）

2.【判断题】施工质量检查是施工质量验收的基础。　　　　　　（　　）

3.【判断题】工序质量控制是施工阶段质量控制的重点。　　　　（　　）

4.【判断题】事中质量控制控制的关键是坚持质量标准；控制的重点是工序质量、工作质量和质量控制点的控制。　　　　　　　　　　　　　　　（　　）

5.【单选题】质量控制点的重点控制对象不包括（　　）。

A. 人的行为　　　　　　　　　　B. 材料的质量与性能

C. 施工方法与关键操作　　　　　D. 施工规范的有效性

6.【单选题】施工作业质量自控的有效制度不包括（　　）。

A. 质量自检制度　　　　　　　　B. 质量例会制度

C. 质量三包制度　　　　　　　　D. 质量样板制度

7.【多选题】施工作业质量自控的要求有（　　）。

A. 预防为主　　　　　　　　　　B. 重点控制

C. 坚持标准　　　　　　　　　　D. 记录完整

E. 质量样板制

8.【多选题】一般建筑工程中砌体质量控制点的设置有（　　）。

A. 位置、标高、尺寸　　　　　　B. 水泥品种、强度等级

C. 砂浆配合比　　　　　　　　　D. 砌体轴线

E. 预埋件的位置及数量

9.【多选题】施工质量控制的基本环节包括（　　）。

A. 质量的事前控制　　　　　　　B. 质量的事中控制

C. 质量的事后控制　　　　　　　D. 施工准备控制

E. 施工过程控制

10.【多选题】现场施工准备工作的质量控制包括（　　）。

A. 计量控制　　　　　　　　　　B. 测量控制

C. 施工平面图控制　　　　　　　D. 技术交底

E. 工程质量检查验收的项目划分

11.【多选题】施工作业质量的自控过程是由施工作业组织的成员进行的，其基本的控制程序包括（　　）。

A. 作业技术交底　　　　　　　　B. 自检自查

C. 互检互查　　　　　　　　　　D. 专职管理人员质量检查

E. 施工结算

12.【多选题】根据实践经验的总结，施工质量自控的有效制度有（     ）。

A. 质量自检制度
B. 质量例会制度
C. 质量会诊制度
D. 质量样板制度
E. 质量挂牌制度

13.【多选题】工序施工质量控制包括（     ）。

A. 工序施工条件控制
B. 工序施工技术控制
C. 工序施工效果控制
D. 工序施工工艺控制
E. 工序施工材料控制

14.【多选题】抹灰工程的施工质量控制点包括（     ）。

A. 基层处理
B. 空鼓、开裂和烂根
C. 抹灰面阴阳角垂直度、方正度
D. 踢脚板和墙裙等上口平直度控制
E. 接槎颜色

15.【多选题】地面石材工程的施工质量控制点包括（     ）。

A. 基层处理

B. 石材间缝隙

C. 石材色差，加工尺寸偏差，板厚差

D. 石材铺装空鼓、裂缝，板块之间高低差

E. 石材铺装平整度、缺棱掉角，板块之间缝隙不直或出现大小头

16.【多选题】轻钢龙骨隔断墙工程施工质量控制点包括（     ）。

A. 基层弹线
B. 龙骨的间距、大小和强度
C. 龙骨起拱
D. 自攻螺钉的间距
E. 石膏板间留缝

17.【多选题】涂料工程的施工质量控制点包括（     ）。

A. 基层清理

B. 墙面阴阳角偏差

C. 墙面腻子平整度，阴阳角方正度

D. 涂料的遍数，漏底，均匀度、刷纹等情况

E. 墙面起皮、裂缝

18.【多选题】裱糊工程施工质量控制点包括（     ）。

A. 基层起砂、空鼓、裂缝等问题

B. 壁纸裁纸准确度

C. 壁纸裱糊气泡、皱褶、翘边、脱落等缺陷

D. 壁纸的裱糊方式

E. 表面质量

【答案】1. √；2. √；3. √；4. √；5. D；6. C；7. ABCD；8. CDE；9. ABC；10. ABCE；11. ABCD；12. ABCDE；13. AC；14. BCDE；15. ACDE；16. ABDE；17. ABCD；18. ABCE

# 第三节　装饰装修施工质量问题的预防与处理

**考点 41：施工质量问题预防与处理●**

**教材点睛** 教材 P174～178

**1. 工程质量问题的分类**

包括：工程质量缺陷、工程质量通病、工程质量事故等。

**2. 事故等级**

根据工程质量事故造成的人员伤亡或者直接经济损失，将工程质量事故分为 4 个等级。

（1）特别重大事故：死亡≥30 人，或重伤≥100 人，或直接经济损失≥1 亿元的事故；

（2）重大事故：10 人≤死亡＜30 人，或 50 人≤重伤＜100 人，或 5000 万元≤直接经济损失＜1 亿元的事故；

（3）较大事故：3 人≤死亡＜10 人，或 10 人≤重伤＜50 人，或 1000 万元≤直接经济损失＜5000 万元的事故；

（4）一般事故：死亡＜3 人，或重伤＜10 人，或 100 万元≤直接经济损失＜1000 万元的事故。

**3. 工程质量问题的原因分析**

应针对影响施工质量的五大要素（4M1E：人、机械、材料、施工方法、环境条件），运用排列图、因果图、调查表、分层法、直方图、控制图、散布图、关系图法等统计方法进行分析，确定建筑装饰装修工程施工质量问题产生的原因。

**4. 施工质量问题预防**

（1）装饰装修工程各分部（子分部）、分项工程施工质量缺陷，详见表5-2。【P176】

（2）施工质量问题预防的具体措施：严格依法进行施工管理；认真把好设计关；严格施工过程的管理；把好材料关；强化从业人员管理；加强施工安全与环境管理；做好不利施工条件和各种灾害的预案。

**5. 质量事故的处理程序**

防止事故进一步扩大→停止相关工序或操作→事故调查→事故原因分析→制定事故处理方案→实时处理方案→事故处理报告。

**6. 质量问题、质量事故处理的基本方法**

返修处理、加固处理、返工处理、降级处理、不做处理。

**巩固练习**

1.【判断题】特别重大事故，是指造成 30 人以上死亡，或者 100 人以上重伤，或者 1 亿元以上直接经济损失的事故。　　　　　　　　　　　　　　　（　　）

2.【判断题】建筑装饰装修工程常见的施工质量缺陷有脱落、裂、渗、观感效果差等。

（　　）

3.【单选题】工程质量事故常见的成因不包括（　　）。

A. 违背建设程序　　　　　　　　　　B. 违反法规行为

C. 管理超严　　　　　　　　　　　　D. 地质勘察失误

4.【单选题】工程质量问题的主要原因不包括（　　）。

A. 人员原因　　　　　　　　　　　　B. 技术原因

C. 管理原因　　　　　　　　　　　　D. 规范原因

5.【单选题】施工质量缺陷原因分析方法不包括（　　）。

A. 网络图　　　　　　　　　　　　　B. 因果图

C. 排列图　　　　　　　　　　　　　D. 调查表

6.【单选题】质量问题、质量事故处理的基本方法不包括（　　）。

A. 返修处理　　　　　　　　　　　　B. 上报处理

C. 加固处理　　　　　　　　　　　　D. 返工处理

7.【单选题】木门窗的质量通病不包括（　　）。

A. 开关不灵活　　　　　　　　　　　B. 安装不牢固

C. 排水孔不畅通　　　　　　　　　　D. 关闭不严密

8.【多选题】根据工程质量事故造成的人员伤亡或者直接经济损失，将工程质量事故的等级分为（　　）。

A. 轻微事故　　　　　　　　　　　　B. 一般事故

C. 较大事故　　　　　　　　　　　　D. 重大事故

E. 特别重大事故

9.【多选题】建设工程质量问题通常分为（　　）。

A. 工程质量缺陷　　　　　　　　　　B. 工程质量通病

C. 工程质量不达标　　　　　　　　　D. 工程质量损伤

E. 工程质量事故

【答案】1. √；2. ×；3. C；4. D；5. A；6. B；7. C；8. ABCD；9. ABE

# 第六章　工程成本管理的基本知识

## 考点 42：工程成本

教材点睛 教材 P179 ～ 186

### 1. 工程造价的基本知识
（1）我国现行建设项目工程造价的具体构成内容，见图 6-1。【P179】
（2）工程造价内容的构成要素，见图 6-2。【P180】
（3）建筑安装工程费用（按造价形成划分），见图 6-3。【P181】

### 2. 工程成本的组成
（1）工程成本由直接成本和间接成本所组成。
（2）直接成本包括：人工费、材料费、施工机械使用费和施工措施费等。
（3）间接成本指图 6-2 中的企业管理费和规费。【P180】

### 3. 工程成本的影响因素
主要有政策法规性因素、地区性与市场性因素、设计因素、施工组织因素和编制人员素质因素五个方面。

## 巩固练习

1.【判断题】材料费是指施工过程中耗费的原材料、辅助材料、构配件、零件、半成品或成品、工程设备的费用。　　　　　　　　　　　　　　　　（　　）

2.【判断题】工程成本则是围绕工程而发生的资源耗费的物质体现，包括了生命周期各阶段的资源耗费。　　　　　　　　　　　　　　　　　　　　（　　）

3.【判断题】影响工程成本的因素很多，主要有政策法规性因素、地区性与市场性因素、设计因素、施工因素和人员素质因素五个方面。　　　　　　　（　　）

4.【判断题】合同文件和成本计划是成本控制的目标，进度报告和工程变更与索赔资料是成本控制过程中的静态资料。　　　　　　　　　　　　　（　　）

5.【单选题】下列不属于工程造价特点的是（　　　　）。
A. 大额性　　　　　　　　　　　　B. 单件性
C. 层次性　　　　　　　　　　　　D. 复杂性

6.【单选题】工程成本是指（　　　　）为取得并完成某项工程所支付的各种费用的总和。
A. 施工队伍　　　　　　　　　　　B. 施工企业
C. 建设单位　　　　　　　　　　　D. 项目经理

7.【单选题】施工成本管理的目的是利用组织、经济、技术和合同等措施（　　　　）。

A. 全面分析实际成本的变动状态　　　B. 将实际成本控制在计划范围内

C. 严格控制计划成本的变动范围　　　D. 把计划成本控制在目标范围内

8. 【单选题】按成本性质划分的单位工程成本汇总表，根据清单项目的造价分析，分别对人工费、材料费、机械费、措施费、（　　　）进行汇总，形成单位工程成本计划表。

A. 企业管理费和税费　　　　　　　　B. 直接费和间接费

C. 间接费和企业管理费　　　　　　　D. 间接费、利润和税金

9. 【多选题】直接成本包括的内容有（　　　）。

A. 人工费　　　　　　　　　　　　　B. 材料费

C. 施工机械使用费　　　　　　　　　D. 施工措施费

E. 规费

10. 【多选题】工程建设的特殊性决定了工程造价具有大额性、单件性、多次性、层次性等特点，这些特点又决定了工程计价具有（　　　）的特点。

A. 计价的单件性　　　　　　　　　　B. 计价的多样性

C. 计价的组合性　　　　　　　　　　D. 计价依据的复杂性

E. 计价的多次性

11. 【多选题】影响工程成本的因素很多，主要有（　　　）。

A. 政策法规性因素　　　　　　　　　B. 地区性与市场性因素

C. 设计因素　　　　　　　　　　　　D. 施工因素

E. 人员素质因素

12. 【多选题】根据《建筑安装工程费用项目组成》，属于企业管理费的有（　　　）。

A. 管理人员工资　　　　　　　　　　B. 办公费

C. 养老保险费　　　　　　　　　　　D. 住房公积金

E. 差旅交通费

【答案】1. √；2. ×；3. √；4. ×；5. D；6. B；7. B；8. A；9. ABCD；10. ABCDE；11. ABCDE；12. ABE

## 考点 43：施工成本管理

教材点睛　教材 P186～191

**1. 施工成本预测**

它是施工项目成本决策与计划的依据，是对施工项目计划工期内影响其成本变化的各个因素进行分析，比照以往工程案例的施工成本，预测出工程的单位成本或总成本。

**2. 施工成本计划**

它是项目降低成本的指导文件，是设立目标成本的依据。

（1）施工成本计划应满足的要求：合同规定的项目质量和工期要求；企业对项目成本管理目标的要求；以经济合理的项目实施方案为基础的要求；有关定额及市场价格的要求；类似项目提供的启示。

（2）施工成本计划的具体内容

1）测定施工成本计划指标（数量指标、质量指标、效益指标），可采用对比法、因素分析法等方法。

2）按工程量清单列出的单位工程计划成本汇总表。

3）按成本性质划分的单位工程成本汇总表，根据清单项目的造价分析，分别对人工费、材料费、施工机械使用费、措施费、企业管理费和税费进行汇总，形成单位工程成本计划表。

**3. 施工成本控制**

它是对成本计划的实施进行控制和监督。

（1）施工成本控制可分为事先控制、事中控制（过程控制）和事后控制。

（2）在项目的施工过程中，按动态控制原理对实际施工成本的发生过程进行有效控制。

（3）合同文件和成本计划是成本控制的目标，进度报告、工程变更与索赔资料是成本控制的动态资料。

**4. 施工成本核算**

它是对成本计划是否实现的最后检验。

（1）施工成本核算的两个基本环节：① 计算施工费用的实际发生额；② 计算施工项目的总成本和单位成本。

（2）施工成本核算的两种核算方法：制造成本法和完全成本法。

（3）施工成本核算的基本内容

1）人工费核算；

2）材料费核算；

3）周转材料费核算；

4）结构件成本核算；

5）机械使用费核算；

6）措施费核算；

7）分包工程成本核算；

8）间接费核算；

9）项目月度施工成本报告编制。

（4）施工成本核算制的要求：形象进度、产值统计、实际成本三者取值范围一致，工程量数值相同。

**5. 施工成本分析**

（1）施工成本分析贯穿于施工成本管理的全过程，工作内容包括有利偏差的挖掘和不利偏差的纠正。

（2）成本偏差的控制，分析是关键，纠偏是核心。分为局部成本偏差和累计成本偏差。

（3）成本偏差的原因分析，应采取定性和定量相结合的方法。

**6. 施工成本考核**

（1）施工成本考核：是衡量成本降低的实际成果，是对成本指标完成情况的总结和评价。

（2）成本考核的主要指标：施工成本降低额和施工成本降低率。

（3）成本考核的目的：评定施工项目成本计划的完成情况和各责任人的业绩，给予相应的奖励和处罚；积累降低施工项目成本的经验。

1.【判断题】完全成本法是把企业生产经营发生的一切费用全部吸收到产品成本之中。
（　　）

2.【判断题】施工成本分析是在施工成本预测的基础上，对成本的形成过程和影响因素进行分析。
（　　）

3.【判断题】施工成本考核衡量成本降低的实际成果，并对成本指标完成情况进行总结和评价。
（　　）

4.【判断题】施工阶段是控制建设工程项目成本发生的主要阶段。（　　）

5.【单选题】成本决策的依据是（　　）。

A. 成本预测　　　　　　　　　　B. 成本计划

C. 成本分析　　　　　　　　　　D. 成本控制

6.【单选题】施工成本预测的实质是在施工项目的施工之前（　　）。

A. 对成本因素进行分析

B. 分析可能的影响程度

C. 估算计划与实际成本之间的可能差异

D. 对成本进行估算

7.【单选题】（　　）是以货币形式编制施工项目在计划期内的生产费用、成本水平、成本降低率以及为降低成本所采取的主要措施和规划的书面方案。

A. 施工成本预测　　　　　　　　B. 施工成本计划

C. 施工成本控制　　　　　　　　D. 施工成本核算

8.【单选题】施工成本计划通常有三类指标，即（　　）。

A. 拟定工作预算成本指标，已完成工作预算成本指标和成本降低率指标

B. 成本计划的数量指标、质量指标和效益指标

C. 预算成本指标、计划成本指标和实际成本指标

D. 人、财、物成本指标

9.【单选题】施工成本计划应满足的要求不包括（　　）。

A. 以经济合理的项目实施方案为基础的要求

B. 合同规定的项目质量和工期要求

C. 控制影响效率的其他因素的要求

D. 有关定额及市场价格的要求

10.【单选题】下列选项中，不属于施工成本计划指标的是（　　）。

A. 成本计划的质量指标　　　　　B. 成本计划的效益指标

C. 成本计划的数量指标　　　　　D. 成本计划的功能指标

11.【单选题】对施工项目而言，编制施工成本计划的主要作用是（　　）。

A. 确定成本定额水平　　　　　　B. 对实际成本进行估算

C. 设立目标成本　　　　　　　　D. 明确资金使用安排

12.【单选题】作为施工企业全面成本管理的重要环节，施工项目成本控制应贯穿于项目（　　）的全过程。

A. 从策划开始到项目开始运营　　　　B. 从设计开始到项目开始运营

C. 从投标开始到项目竣工验收　　　　D. 从施工开始到项目竣工验收

13.【单选题】项目经理部对竣工工程成本核算的目的是（　　　）。

A. 考核项目管理绩效　　　　　　　　B. 寻求进一步降低成本的途径

C. 考核企业经营效益　　　　　　　　D. 分析成本偏差的原因

14.【单选题】施工成本分析是在（　　　）的基础上，对成本的形成过程和影响因素进行分析。

A. 施工成本计划　　　　　　　　　　B. 施工成本预测

C. 施工成本核算　　　　　　　　　　D. 施工成本考核

15.【单选题】施工成本分析是施工成本管理的主要任务之一，下列关于施工成本分析的表述中正确的是（　　　）。

A. 施工成本分析的实质是在施工之前对成本进行估算

B. 施工成本分析是指科学地预测成本水平及其发展趋势

C. 施工成本分析是指预测成本控制的薄弱环节

D. 施工成本分析应贯穿于施工成本管理的全过程

16.【单选题】偏差分析可采用不同的方法，不能进行偏差分析的方法是（　　　）。

A. 横道图法　　　　　　　　　　　　B. 表格法

C. 赢得值评价曲线法　　　　　　　　D. 对比法

17.【单选题】施工成本偏差分析可采用不同的表达方法，常用的有（　　　）。

A. 横道图法、表格法和赢得值评价曲线法

B. 网络图法、横道图法和表格法

C. 比较法、因素分析法和差额计算法

D. 网络图法、表格法和赢得值评价曲线法

18.【多选题】某施工项目，拟对施工成本进行预测，预测得到的成本估算可以用作该施工项目（　　　）的依据。

A. 成本决策　　　　　　　　　　　　B. 成本计划

C. 成本控制　　　　　　　　　　　　D. 成本管理

E. 成本考核

19.【多选题】属于施工成本计划的编制依据的有（　　　）。

A. 招标文件　　　　　　　　　　　　B. 投标报价文件

C. 企业定额　　　　　　　　　　　　D. 行业定额

E. 结构件外加工计划和合同

20.【多选题】对竣工工程的成本核算，应区分为（　　　）。

A. 竣工工程现场成本　　　　　　　　B. 竣工工程完全成本

C. 竣工工程核算成本　　　　　　　　D. 竣工工程预算成本

E. 竣工工程计划成本

21.【多选题】下列有关施工成本考核的说法中，正确的是（　　　）。

A. 揭示成本变动规律，寻找降低施工项目成本的途径

B. 以施工成本降低额和降低率作为成本考核的主要指标

C. 可分别考核组织管理层和项目经理部

D. 是对成本指标完成情况的总结和评价

E. 是实现成本目标责任制的保证

【答案】1. √；2. ×；3. √；4. √；5. A；6. B；7. B；8. B；9. C；10. D；11. C；12. C；13. A；14. C；15. D；16. D；17. A；18. AB；19. BCE；20. AB；21. BCDE

**考点44：施工成本控制**

教材点睛 教材 P191 ～ 195

**1. 施工成本的过程控制方法**

（1）人工费、材料费的控制实行"量价分离"的方法。

（2）机械费控制：加强租赁计划管理，减少设备闲置；加强机械设备调度工作，提高现场设备利用率；加强现场设备维修保养，避免机械设备停滞；做好操作人员间的协调与配合，提高机械台班产量。

（3）施工分包费用的控制：做好分包工程的询价、订立平等互利的分包合同、建立稳定的分包关系网络、加强施工验收和分包结算等工作。

**2. 用价值工程原理控制工程成本**

（1）价值工程成本的表达式为 $V = F/C$。

（2）价值工程特征：目标上着眼于提高价值；方法上通过系统地分析和比较，发现问题、寻求解决办法；活动领域上侧重于在产品的研制与设计阶段开展工作，寻求技术上的突破；组织上开展价值工程活动的全体人员，应有组织、有计划、有步骤地工作。

（3）提高价值的途径：功能提高，成本不变；功能不变，成本降低；功能提高，成本降低；降低辅助功能，大幅度降低成本；成本稍有提高，大大提高功能。

**3. 用赢得值法（挣值法）控制成本**

（1）赢得值法的三个基本参数：已完工作预算费用（BCWP），计划完成工作预算成本（BCWS），已完成工作实际成本（ACWP）。

（2）赢得值法的评价指标：成本偏差（CV），进度偏差（SV），成本绩效指数（CPI），进度绩效指数（SPI）。在三个成本值的基础上，可以确定挣值法的四个评价指标，它们也都是时间的函数。

（3）赢得值法的判定

1）当 CV 为负值时，表示项目运行超支；当 CV 为正值时，表示项目运行节支。

2）当 SV 为负值时，表示进度延误；当 SV 为正值时，表示进度提前。

3）当 $CPI < 1$ 时，表示超支；当 $CPI > 1$ 时，表示节支。

4）当 $SPI < 1$ 时，表示进度延误；当 $SPI > 1$ 时，表示进度提前。

1.【判断题】赢得值法中的成本偏差是指已完工程的预算价与企业实际投入的费用之间的误差。 （    ）

2.【判断题】赢得值法中的进度偏差是指已完工程的工程量与计划完成的工程量之差。 （    ）

3.【单选题】不用进行工料调差的计价方法为（    ）。

A. 单价法　　　　　　　　　　B. 综合单价法

C. 实物法　　　　　　　　　　D. 按市场价

4.【单选题】在项目的实施过程中，需按（    ）对实际施工成本的发生过程进行有效控制。

A. 动态控制原理　　　　　　　B. 静态控制原理

C. 宏观控制原理　　　　　　　D. 微观控制原理

5.【单选题】施工成本控制的工作内容之一是计算和分析（    ）之间的差异。

A. 预测成本与实际成本　　　　B. 预算成本与计划成本

C. 计划成本与实际成本　　　　D. 预算成本与实际成本

6.【单选题】施工成本控制过程中的动态资料是（    ）。

A. 合同文件和工程变更资料　　B. 工程索赔资料和成本计划

C. 合同文件和成本计划　　　　D. 进度报告和工程变更资料

7.【单选题】施工成本控制的步骤中，最具实质性的一步是（    ）。

A. 预测　　　　　　　　　　　B. 比较

C. 分析　　　　　　　　　　　D. 纠偏

8.【单选题】某项目进行成本偏差分析，结果为：已完工作预算成本（$BCWP$）－已完工作实际成本（$ACWP$）＜0；已完工作预算成本（$BCWP$）－计划完成工作预算成本（$BCWS$）＞0。则说明（    ）。

A. 成本超支，进度提前　　　　B. 成本节约，进度提前

C. 成本超支，进度拖后　　　　D. 成本节约，进度拖后

9.【多选题】施工成本控制需按（    ）进行有效控制。

A. 事先控制　　　　　　　　　B. 事中控制

C. 事后控制　　　　　　　　　D. 全面控制

E. 全员控制

10.【多选题】工程变更包括（    ）。

A. 工程量变更　　　　　　　　B. 施工次序变更

C. 进度计划的变更　　　　　　D. 施工条件的变更

E. 预算定额的变更

【答案】1. √；2. ×；3. C；4. A；5. C；6. D；7. D；8. A；9. ABC；10. ABCD

# 第七章　常用施工机械机具的性能

## 第一节　垂直运输常用机械机具

### 考点 45：常用垂直运输机械 ●

教材点睛 教材 P196～200

**1. 吊篮**

（1）电动吊篮适用于建筑物外墙装修。

（2）基本性能、使用要点及注意事项。【P196～198】

**2. 施工电梯**

（1）施工电梯适用于建筑施工中垂直运输施工材料及施工人员。

（2）基本性能、使用要点及注意事项。【P198】

**3. 钢丝绳**

（1）钢丝绳主要应用于塔式起重机、施工电梯、吊篮等施工机械中，供提升、牵引、拉紧和承载之用。

（2）钢丝绳的特点：强度高、自重轻、工作平稳、不易骤然整根折断，工作可靠。

（3）基本性能、使用要点及注意事项。【P198～199】

**4. 滑轮和滑轮组**

（1）滑轮和滑轮组主要应用于物料搬运机械中。

（2）基本性能、使用要点及注意事项。【P200】

巩固练习

1.【判断题】吊篮沿钢丝绳由提升机带动向上顺升，不手卷钢丝绳，理论上爬升高度有限制。　　　　　　　　　　　　　　　　　　　　　　　　　　（　　）

2.【判断题】施工电梯安装后，安全装置要经试验、检测合格后方可操作使用，电梯必须由持证的专业司机操作。　　　　　　　　　　　　　　　　　　　（　　）

3.【判断题】常用设备吊装时钢丝绳安全系数不小于 5。　　　　　　　　（　　）

4.【判断题】使用前应检查滑轮的轮槽、轮轴、颊板、吊钩等部分有无裂缝或损伤，滑轮转动是否灵活，润滑是否良好，同时滑轮槽宽应比钢丝绳直径大 1～2.5mm。

　　　　　　　　　　　　　　　　　　　　　　　　　　　　　　　　（　　）

5.【判断题】滑轮组的定、动滑轮之间严防过分靠近，一般应保持 1～1.5m 的最小

距离。　　　　　　　　　　　　　　　　　　　　　　　　　　　　（　　）

6.【单选题】电动吊篮作业开始第一次吊重物时，应在吊离地面（　　）mm时停止，检查电动葫芦制动情况，确认完好后方可正式作业，露天作业时，应设防雨措施，保证电机、电控等安全。

A. 50　　　　　　　　　　　　　　　　B. 60

C. 80　　　　　　　　　　　　　　　　D. 100

7.【单选题】吊篮每次使用前均应在（　　）m高度下空载运行2～3次，确认无故障方可使用。

A. 1　　　　　　　　　　　　　　　　B. 2

C. 3　　　　　　　　　　　　　　　　D. 4

8.【单选题】电动吊篮吊重物行走时，重物离地面高度不宜超过（　　）m。

A. 1　　　　　　　　　　　　　　　　B. 1.5

C. 2　　　　　　　　　　　　　　　　D. 2.5

9.【单选题】（　　）在使用吊篮施工时，不得向外攀爬和向楼内跳跃。

A. 司机　　　　　　　　　　　　　　B. 操作人员

C. 安全员　　　　　　　　　　　　　D. 工作人员

10.【单选题】风力达（　　）级以上应停止使用电梯，并将电梯降到低层。

A. 4　　　　　　　　　　　　　　　　B. 5

C. 6　　　　　　　　　　　　　　　　D. 7

11.【单选题】当电梯未切断总源开关前，（　　）不能离开操作岗位。

A. 司机　　　　　　　　　　　　　　B. 操作人员

C. 安全员　　　　　　　　　　　　　D. 工作人员

12.【单选题】起升机构不得使用编结接长的钢丝绳，使用其他方法接长钢丝绳时，必须保证接头强度不小于钢丝绳破断拉力的（　　）。

A. 60%　　　　　　　　　　　　　　B. 70%

C. 80%　　　　　　　　　　　　　　D. 90%

13.【单选题】使用前应检查滑轮的轮槽、轮轴、颊板、吊钩等部分有无裂缝或损伤，滑轮转动是否灵活，润滑是否良好，同时滑轮槽宽应比钢丝绳直径大（　　）mm。

A. 1～2　　　　　　　　　　　　　　B. 1～2.5

C. 1～3　　　　　　　　　　　　　　D. 1～1.5

14.【多选题】下列关于施工电梯的使用要点与注意事项表述中，正确的是（　　）。

A. 施工电梯安装后，安全装置要经试验、检测合格后方可操作使用，电梯必须由持证的专业司机操作

B. 电梯底笼周围1.5m范围内，必须设置稳固的防护栏杆，各停靠层的过桥和运输通道应平整牢固，出入口的栏杆应安全可靠

C. 电梯笼乘人载物时应使荷载均匀分布，严禁超载使用，严格控制载运重量

D. 电梯运行至最上层和最下层时仍要操纵按钮，严禁以行程限位开关自动碰撞的方法停车

E. 电梯每班首次运行时，应空载及满载试运行，将电梯笼升离地面2m左右停车、

检查制动灵活性，确认正常后方投入运行

【答案】1. ×；2. √；3. ×；4. √；5. ×；6. D；7. B；8. B；9. B；10. C；11. A；12. D；13. B；14. ACD

# 第二节　装修施工常用机械机具

## 考点46：常用气动类机具的基本性能与注意事项 ★ ●

教材点睛　教材 P200～204

**1. 空气压缩机**

（1）空气压缩机可通过压缩空气、释放高压气体，为装修装饰机具提供动力。

（2）空气压缩机开机前及使用中的检查。【P200～201】

**2. 气动射钉枪**

（1）气动射钉枪是与空气压缩机配套使用的气动紧固机具。用于装饰装修工程中，木质装饰面或纤维板、石膏板、刨花板及各种装饰线条等材料的固定。

（2）气动射钉枪的特点：安全可靠，生产效率高，装饰面不露钉头痕迹，且劳动强度低、携带方便、使用经济、操作简便。

（3）气动射钉枪的使用要点及注意事项。【P202】

**3. 喷枪**

（1）喷枪主要用于装饰施工中面层处理，包括清洁面层、面层喷涂、建筑画的喷绘及其他器皿的处理等。

（2）喷枪的分类：按照喷枪的工作效率（出料口尺寸）可分为大型、小型两种；按喷枪的应用范围可分为标准喷枪、加压式喷枪、建筑用喷枪、专用喷枪及清洁喷枪等。

（3）喷枪的使用要点及注意事项。【P204】

巩固练习

1.【判断题】空气压缩机如因故障断电时，必须将储气罐中空气排空后再重新启动。
（　　　）

2.【单选题】喷枪主要用于装饰施工中面层处理，下列选项中不包括（　　　）。

A. 清洁面层　　　　　　　　　　B. 保湿面层

C. 面层喷涂　　　　　　　　　　D. 建筑画的喷绘

3.【单选题】喷枪的空气压力一般为（　　　）MPa，如果压力过大或过小，可调节空气调节旋钮。

A. 0.3～0.35　　　　　　　　　　B. 0.2～0.25

C. 0.35～0.4　　　　　　　　　　D. 0.25～0.3

4.【多选题】以空气压缩机作为动力的装修装饰机具有（　　　　）。

A. 射钉枪　　　　　　　　　　B. 喷枪

C. 风动改锥　　　　　　　　　D. 手风钻

E. 风动磨光机

【答案】1. √；2. B；3. A；4. ABCDE

**考点 47：常用电动类机具的基本性能与注意事项 ★ ●**

**教材点睛** 教材 P204～208

**1. 手电钻**

（1）手电钻可用于金属、塑料等材料的钻孔作业。

（2）手电钻在形式上有直头、弯头、双侧柄、枪柄、后托架、环柄等多种形式。

（3）手电钻的使用要点及注意事项。【P204～205】

**2. 电锤**

（1）电锤主要用于混凝土等结构表面剔、凿和打孔作业。

（2）电锤的使用要点及注意事项。【P205】

**3. 型材切割机**

（1）型材切割机是切割类电动机具，具有结构简单、操作方便、功能广泛、易于维修与携带等特点。

（2）型材切割机的使用要点及注意事项。【P206～207】

**4. 木工修边机**

（1）木工修边机可用于木制构件的棱角、边框、开槽等部位的修整。

（2）木工修边机的特点：操作简便、效果好、速度快，适合各种作业面使用且深度可调。

（3）木工修边机的使用要点与注意事项。【P208】

**考点 48：常用手动类机具的基本性能与注意事项 ★ ●**

**教材点睛** 教材 P208～210

**1. 手动拉铆枪**

（1）拉铆枪主要应用于顶棚、隔断及通风管道等工程的铆接作业。分为手动拉铆枪、电动拉铆枪和风动拉铆枪三种。在装饰工程施工中最常用的是手动拉铆枪。

（2）使用要点与注意事项。【P208～209】

**2. 手动式墙地砖切割机**

（1）手动式墙地砖切割机适用于薄形墙地砖的切割，且不需电源，小巧、灵活，使用方便，效率较高。

（2）使用要点与注意事项。【P209～210】

**巩固练习**

1.【判断题】拉铆枪主要有手动拉铆枪、电动拉铆枪和风动拉铆枪三种。（　　）

2.【判断题】使用切割机切割时，为保证切割精度，应将切割线对准切割片的中线。
（　　）

3.【判断题】电钻外壳要采取接零或接地保护措施。电源插销正常插好后，可以直接使用。
（　　）

4.【单选题】关于型材切割机的使用，表述错误的是（　　）。

A. 工作前应检查电源电压与切割机的额定电压是否相符，机具防护是否安全有效，开关是否灵敏，电动机运转是否正常

B. 工作时应按照工件厚度与形状调整夹钳的位置，将工件平直地靠住导板，并放在所需切割位置上，然后拧紧螺杆，紧固好工件

C. 切割时应使材料有一个与切割片同等厚度的刀口，为保证切割精度，应将切割线对准切割片的中线

D. 若工件需切割出一定角度，用套筒扳手拧松导板固定螺栓，把导板调整到所需角度后，拧紧螺栓即可

5.【多选题】喷枪是装饰装修工程中面层装饰施工的常用机具之一，主要用于装饰施工中面层处理，包括（　　）。

A. 清洁面层　　　　　　　　　B. 保湿面层

C. 面层喷涂　　　　　　　　　D. 建筑画的喷绘

E. 其他器皿的处理

6.【多选题】按喷枪的应用范围分，可分为（　　）。

A. 标准喷枪　　　　　　　　　B. 加压式喷枪

C. 专用喷枪　　　　　　　　　D. 建筑用喷枪

E. 清洗喷枪

7.【多选题】关于手电钻的使用要点与注意事项，表述正确的是（　　）。

A. 钻不同直径的孔时，要选择相应规格的钻头

B. 使用的电源要符合电钻标牌规定

C. 电钻外壳要采取接零或接地保护措施。电源插销正常插好后，可以直接使用

D. 钻头必须锋利，钻孔时用力要适度，不要过猛

E. 当孔将要钻通时，应适当减轻手臂的压力

【答案】1. √；2. ×；3. ×；4. C；5. ACDE；6. ABCDE；7. ABDE

# 第三节　经纬仪、水准仪的使用

**考点 49：经纬仪、水准仪的基本性能与注意事项●**

> **教材点睛** 教材 P210 ～ 212
>
> **1. 激光经纬仪**
>
> （1）基本性能
>
> 1）激光经纬仪除具备光学经纬仪的所有功能外，可发出一条可见的激光束，便于室外装饰工程立面放线。
>
> 2）激光经纬仪可向顶棚方向垂直发射光束，作为激光垂准仪用。
>
> 3）激光经纬仪配置弯管读数目镜，可根据竖盘读数对垂直角进行测量。
>
> 4）望远镜照准轴精细调成水平后，可作激光水准仪用。
>
> （2）使用要点与注意事项。【P210～211】
>
> **2. 自动安平水准仪**
>
> （1）AL132-C 自动安平水准仪主要用于国家二等水准测量，也可用于装饰工程抄平。
>
> （2）使用要点与注意事项。【P211～212】

**考点 50：红外投线仪的基本性能与注意事项★●**

> **教材点睛** 教材 P212 ～ 213
>
> （1）自动安平红外激光投线仪采用半导体激光器，激光线清晰明亮。仪器小巧，使用方便。广泛用于室内装饰、顶棚、门窗安装、隔断、管线铺设等建筑施工中。
>
> （2）使用要点与注意事项。【P213】

**巩固练习**

1.【判断题】激光经纬仪在光学经纬仪上引入半导体激光，通过望远镜发射出来。

（　　）

2.【判断题】自动安平红外激光投线仪可产生五个激光平面（一个水平面和四个正交铅垂面，投射到墙上产生激光线）和一个激光下对点。两个垂直面在顶棚不相交。

（　　）

3.【单选题】下列关于自动安平红外激光投线仪表述，错误的是（　　）。

A. 仪器可产生五个激光平面（一个水平面和四个正交铅垂面，投射到墙上产生激光线）和一个激光下对点。两个垂直面在顶棚不相交

B. 仪器自动安平范围大，放在较为平整的物体上，或装在脚架上调整至水泡居中即可

C. 可转动仪器使激光束到达各个方向。微调仪器，能方便、精确地找准目标

D. 自动报警功能可使仪器在倾斜超出安平范围时激光线闪烁，并报警

4.【单选题】水准仪观测时，观测者的手不可放在（　　　）上。

A. 塔尺 　　　　　　　　　　　　B. 仪器或三脚架

C. 记录本 　　　　　　　　　　　D. 被测物

5.【单选题】经纬仪的粗略整平是通过调节（　　　）来实现的。

A. 微倾螺旋 　　　　　　　　　　B. 三脚架腿

C. 对光螺旋 　　　　　　　　　　D. 测微轮

6.【多选题】水准仪使用步骤有（　　　）。

A. 仪器的安置 　　　　　　　　　B. 对中

C. 粗略整平 　　　　　　　　　　D. 瞄准目标

E. 精平

7.【多选题】关于自动安平红外激光投线仪，表述正确的是（　　　）。

A. 仪器可产生五个激光平面（一个水平面和四个正交铅垂面，投射到墙上产生激光线）和一个激光下对点。两个垂直面在顶棚不相交

B. 仪器自动安平范围大，放在较为平整的物体上，或装在脚架上调整至水泡居中即可

C. 可转动仪器使激光束到达各个方向。微调仪器，能方便、精确地找准目标

D. 自动报警功能可使仪器在倾斜超出安平范围时激光线闪烁，并报警

E. 整平后迅速恢复出光。自动锁紧装置使仪器在关闭时自动锁紧，打开时自动松开

【答案】1. √；2. ×；3. A；4. B；5. B；6. ACDE；7. BCDE

# 第八章　编制施工组织设计和专项施工方案

**考点51：编制施工组织设计和专项施工方案●**

**教材点睛** 教材 P214～220

**1. 装饰装修工程施工组织设计**

它是规划和指导拟建工程从施工准备到竣工验收全过程施工的技术经济文件。

**2. 专项施工方案**

它是以分部（分项）工程或专项工程为主要对象，编制的施工技术与组织方案，用以具体指导其施工过程。

**3. 单位工程装饰装修工程施工组织设计**

内容一般应包括封面、目录、编制依据、工程概况、施工方案、施工进度计划、施工准备工作及各项资源需要量计划、施工平面图、消防安全文明施工及施工技术质量保证措施、成品保护措施等。

**4. 编制步骤【图 8-1，P214】**

**5. 编制技巧**

（1）充分熟悉施工图纸，对现场进行考察，切忌闭门造车。

（2）确定主要施工过程，根据图纸分段分层计算工程量。

（3）根据工程量确定主要施工过程的劳动力、机械台班配置计划，从而确定各施工过程的持续时间，编制施工进度计划，并调整优化。

（4）绘制施工现场平面图。

（5）制定相应的技术组织措施。

**6. 考点应用【P215～220】**

**巩固练习**

1.【判断题】装饰装修工程施工组织设计是规划和指导拟建工程从施工准备到竣工验收全过程施工的技术经济文件。　　　　　　　　　　　　　　　　（　　）

2.【判断题】专项施工方案是以整体工程为主要对象编制的施工技术与组织方案，用以具体指导其施工过程。　　　　　　　　　　　　　　　　　　　（　　）

3.【判断题】装饰装修工程施工组织设计是施工过程中的一项重要工作，也是施工企业实现生产科学管理的重要手段。　　　　　　　　　　　　　　　（　　）

4.【单选题】下列（　　）属于编制施工组织设计和专项施工方案的专业技能要求。

A. 能够编制抹灰、顶棚、地面、涂饰等工程的专项施工方案

B. 能够充分熟悉施工图纸，对现场进行考察，切忌闭门造车

C. 能够绘制施工现场平面图

D. 能够根据图纸分段分层计算工程量

5.【单选题】单位工程装饰装修工程施工组织设计的编制步骤排列正确的是（　　）。

① 熟悉施工图纸，资料，进行现场调查；② 计算工程量，分析图纸与现场条件是否相符；③ 确定主要项目的施工顺序、方法及工序搭接；④ 编制劳动力、材料机具需用量计划；⑤ 编制现场准备、技术准备、材料准备计划及施工平面图布置；⑥ 编制安全、消防、文明施工、质量保证措施及成品保护措施；⑦ 与施工组织总设计比较并审批

A. ①③②④⑤⑥⑦　　　　　　　　　B. ①②③⑤⑥④⑦

C. ①②③⑤④⑥⑦　　　　　　　　　D. ①②③④⑤⑥⑦

6.【多选题】下列（　　）属于编制施工组织设计和专项施工方案的编制技巧。

A. 充分熟悉施工图纸

B. 确定主要施工过程，根据图纸分段分层计算工程量

C. 根据工程量确定主要施工过程的劳动力、机械台班配置计划

D. 绘制施工现场平面图

E. 掌握单位工程施工组织设计的编制，能够编制小型项目的施工组织设计

7.【多选题】编制小型项目的涂饰工程施工组织设计中的工艺流程包括（　　）。

A. 清理墙面　　　　　　　　　　　　B. 施工准备

C. 清理验收　　　　　　　　　　　　D. 修补墙面

E. 刮腻子

【答案】1. √；2. ×；3. ×；4. A；5. D；6. ABCD；7. ADE

# 第九章　识读装饰装修工程施工图

## 考点 52：识读装饰装修工程施工图

教材点睛 | 教材 P221～225

**1. 装饰装修工程施工图组成**

（1）装饰装修工程施工图主要包括：图纸目录、设计说明、材料表、平面系列图纸（平面布置图、楼地面铺装图、家具定位图、顶棚平面布置图等）、立面系列图纸（各房间立面图）、细部节点详图（顶棚、立面、家具、造型等节点详图）、重点放大图（复杂、细节丰富的平面、立面等）以及水电系列图纸。

（2）装饰装修工程施工图的作用：指导施工；便于工程监督、预算、报审等。

（3）装饰装修工程施工图的特点

1）装饰装修工程施工图由于设计深度的不同、构造做法的细化，在制图和识图上也存在一定的差别。

2）装饰装修工程施工图一般分为方案设计和施工图设计两个阶段。对于复杂的装饰装修工程还需增加技术设计阶段，以解决专业之间的技术问题和技术配合。

3）为了表达翔实，符合施工要求，装饰装修工程施工图所用比例较大。

4）装饰装修工程施工图材料表示、家具表示存在行业习惯做法，各地大同小异，需要图例或文字说明。

**2. 一般装饰装修工程施工图的识读**

（1）装饰平面布置图重点识读装饰材料、家具和设备的平面布置。

（2）楼地面铺装图重点识读地面的造型、材料名称和工艺要求。

（3）顶棚平面布置图重点识读顶棚造型及各类设施的定型定位尺寸、标高、材料及工艺要求。

（4）墙柱面装饰图重点墙柱面造型的轮廓线、壁灯、装饰件，墙柱面饰面材料、涂料的名称、规格、颜色、工艺说明等，以及造型尺寸、定位尺寸和标高。

**3. 幕墙工程施工图的识读**

（1）构件式幕墙分为：明框幕墙、隐框幕墙、半隐框幕墙。

（2）识读要点：先分清幕墙类型，再只读幕墙造型、尺寸、标高、节点构造，材料及工艺要求。

**4. 考点应用【P223～225】**

1.【判断题】装饰施工图是设计人员按照投影原理，用线条、数字、文字、符号及图例在图纸上画的图。　　　　　　　　　　　　　　　　　（　　）

2.【判断题】建筑装饰施工图图例部分有统一标准。　　　　　　　　（　　）

3.【判断题】建筑装饰施工图是建筑物某部位或某装饰空间的局部表示，细部描绘没有建筑施工图细腻。　　　　　　　　　　　　　　　　　（　　）

4.【判断题】构件式幕墙分为明框幕墙、隐框幕墙、半隐框幕墙。　（　　）

5.【单选题】（　　）是识读施工图和其他工程设计、施工等文件的专业技能要求。

A. 掌握单位工程施工组织设计的编制

B. 能够编制小型项目的施工组织设计

C. 通过学习和训练，能够正确识读装饰装修工程施工图，参与图纸会审设计变更，实施设计交底

D. 能够编制抹灰、吊顶、地面、涂饰等工程的专项施工方案

6.【单选题】装饰装修工程施工图组成主要包括（　　）。

A. 工程概况　　　　　　　　　　　B. 施工平面图

C. 设计说明　　　　　　　　　　　D. 装修施工工艺说明

7.【单选题】一般装饰装修工程施工图的识读中（　　）是顶棚平面布置图的内容。

A. 顶棚及顶棚以上的主体结构

B. 顶棚的各类设施、各部位的饰面材料、涂料规格、名称、工艺说明

C. 隔断、绿化、装饰构件、装饰小品

D. 墙柱面造型的轮廓线、壁灯、装饰件等

8.【多选题】一般装饰装修工程施工图的识读中平面布置图表达内容有（　　）。

A. 建筑主体结构

B. 顶棚造型及各类设施的定型定位尺寸、标高

C. 家电的形状、位置

D. 建筑主体结构的开间和进深等尺寸、主要装修尺寸

E. 装修要求等文字说明

9.【多选题】一般装饰装修工程施工图的识读中墙柱面装修图内容包括（　　）。

A. 装修要求等文字说明

B. 顶棚造型、灯饰、空调风口、排气扇、消防设施的轮廓线，条块饰面材料的排列方向线

C. 墙柱面造型的轮廓线、壁灯、装饰件等

D. 顶棚天花及顶棚以上的主体结构

E. 详图索引、剖面、断面等符号标注

【答案】1. √；2. ×；3. ×；4. √；5. C；6. D；7. B；8. ACDE；9. CDE

# 第十章　编写技术交底文件，实施技术交底

**考点 53：技术交底文件的编制及实施★●**

教材点睛 教材 P226 ～ 231

**1. 技术交底的内容**

包括图纸交底、施工组织设计交底、设计变更交底和分项工程技术交底。

**2. 交底内容**

（1）图纸交底：工程的设计特点、构造做法及要求、使用功能等，以便掌握设计关键，按图施工。

（2）施工组织设计交底：工程特点、施工方案、任务划分、施工进度、平面布置及各项管理措施等。

（3）设计变更交底：将设计变更的结果及时向管理人员和施工人员说明，避免施工差错，便于经济核算。

（4）分项工程技术交底：施工工艺、规范和规程要求、材料使用、质量标准及技术安全措施等。对新技术、新材料、新结构、新工艺、关键部位及特殊要求，要着重交代，必要时做示范。

**3. 编制步骤**

施工准备情况→主要施工方法→劳动力安排及施工工期→施工质量要求及质量保证措施→环境安全及文明施工等注意事项。

**4. 编制技巧**

（1）不能偏离施工组织设计的内容。

（2）应根据实施工程具体特点，综合考虑各种因素，便于实施。

（3）技术交底的表达要通俗易懂。

**5. 考点应用【P227～231】**

巩固练习

1.【判断题】技术交底内容包括图纸交底、施工组织设计交底、设计变更交底和分项工程技术交底。
（　　）

2.【判断题】技术交底是指开工之前由项目总工将有关工程的各项技术要求向下传达。
（　　）

3.【单选题】编写技术交底文件、实施技术交底的专业技能要求有（　　）。

A. 通过学习和训练，能够正确识读装饰装修工程施工图

B. 能够参与图纸会审设计变更，实施设计交底

C. 能够编写顶棚、隔墙、地面、门窗、涂饰等工程施工技术交底文件并实施交底

D. 能够编制抹灰、顶棚、地面、涂饰等工程的专项施工方案

4.【单选题】技术交底文件、实施技术交底编写步骤正确的是（　　　）。

① 施工准备情况；② 主要施工方法；③ 劳动力安排及施工工期；④ 施工质量要求及质量保证措施；⑤ 环境安全及文明施工等注意事项

    A. ①②③④⑤                       B. ④③②④⑤

    C. ①②④③⑤                       D. ①②⑤③④

5.【单选题】壁纸施工的作业条件不包括（　　　）。

A. 顶棚喷浆、门窗油漆已完成

B. 地面装修已完成，并将面层保护好

C. 水、电及设备、顶墙预留预埋件已完成

D. 家具已布置完成

6.【单选题】客厅地面砖夏季铺贴完 12h 后洒水养护时间不少于（　　　）。

    A. 3d                               B. 7d

    C. 1d                               D. 10d

7.【单选题】铺砖面层的砂浆强度达到（　　　）时进行勾缝。

    A. 1.2MPa                      B. 2.4MPa

    C. 5MPa                        D. 10MPa

8.【单选题】塑料壁纸遇水或胶水自由膨胀，因此，刷胶前必须先将塑料壁纸在水槽中浸泡（　　　）。

    A. 10min                     B. 1min

    C. 2～3min                  D. 5min

9.【多选题】技术交底文件、实施技术交底的编制内容有（　　　）。

    A. 图纸交底                    B. 施工组织设计交底

    C. 设计变更交底             D. 分项工程技术交底

    E. 装修工程技术交底

【答案】1. √；2. ×；3. C；4. A；5. D；6. B；7. A；8. C；9. ABCD

# 第十一章　施工现场测量放线

**考点54：施工现场测量放线 ★ ●**

**教材点睛** 教材 P232 ～ 235

**1. 装饰装修施工放线**

利用专用仪器设备，把装饰装修材料的实际安装位置和尺寸，按 1∶1 的比例标记在建筑装饰装修施工现场，并标注标记测量数据，经验线合格后，作为施工定位、定型的尺寸依据。

**2. 建筑装饰装修工程测量放线**

（1）测量放线流程：根据测量基准点资料→平面和高程扩展控制网测设→施工放线→验线→安装施工。

（2）测量放线要求

1）编制测量放线技术方案。施工方案应满足经济合理，技术可行，便于使用的要求。

2）建筑物施工测量的轴线和高程系统可作为首级控制网，施工平面及标高控制网应以首级控制网为基准。

3）妥善收集、汇总、整理建筑装饰装修测量放线工作成果。

4）测量仪器及工具、计量器具应按规定定期检验、校正，并妥善保管。每次测量前应校验并填写记录。

**3. 室内装饰装修工程施工放线**

（1）可按放线精度要求选择一级精度放线或二级精度放线。

（2）放线作业前应制定经济合理、技术可行的施工放线技术方案。

（3）施工放线应以施工放线图为依据；放线图的尺度数据应经确认有效。

（4）施工放线的线型标识可采用弹墨线、拉通线等形式；符号标识应采用模板喷涂标注，准确清晰。

**4. 幕墙施工放线**

（1）预埋件施工放线

1）放线前应测量建筑结构主体施工尺寸，并依据预埋件安装标高和中线间隔尺寸进行偏差校核。

2）建筑结构主体与幕墙同步施工的幕墙工程，应对每层主体结构施工进行监测，记录结构施工尺寸与预埋件安装尺寸的偏差值，对超差点及时做出处置。

3）预埋件定位线测定并经校核合格后，应在主体结构悬挑部位及柔性杆件结构设置变形监测点，观测主体结构加载沉降变形、压缩或不同结构差异变形、工序阶段变形等，并进行测控点数据分析，为幕墙安装提供变形控制依据。

（2）幕墙立柱施工放线：应先测设幕墙立柱平面定位线，再测设立柱垂直轴线；

立柱轴线测设后，应采用经纬仪等仪器进行校核，容许偏差不应大于2mm。

（3）幕墙玻璃安装放线：完成面定位线测设后，应结合内控线和外控线进行校核；玻璃分格线测设后，应结合立柱垂直轴线进行校核；容许偏差均不应大于2mm。

（4）钢丝连线的固定点：所用材料应无明显塑性变形；固定应牢固、稳定。

**5. 施工放线的验线**

（1）建筑装饰装修工程施工放线方案中应明确验线的工作程序。

（2）验线的内容包括：放线范围、放线位置正确性，以及放线误差等。

（3）验线的依据：设计文件，以及施工放线图纸；合同约定的内容；国家现行的相关质量验收规范；适用的放线等级精度要求；验线测量使用的仪器精度等级，不应低于放线测量所使用的仪器等级；施工放线的验线结果，应采用专用表格记录，并由相关方签字确认。

**6. 考点应用【P234～235】**

---

巩固练习

1.【判断题】土建工程施工放线是从建筑物定位开始的，一直到主体工程封顶都离不开施工放线。　　　　　　　　　　　　　　　　　　　　　　（　　）

2.【判断题】基础定位放线完成后，由施工班组依据定位的轴线放出基础的边线，进行基础开挖。　　　　　　　　　　　　　　　　　　　　　　　　（　　）

3.【单选题】建筑物定位放线工具为（　　　）。

A. 龙门板　　　　　　　　　　　　B. 经纬仪

C. 钢卷尺　　　　　　　　　　　　D. 线坠子

4.【多选题】施工定位放线大致分为（　　　）阶段。

A. 建筑物定位（放线）　　　　　　B. 基础施工（放线）

C. 主体施工（放线）　　　　　　　D. 主体封顶（放线）

E. 建筑物底层施工（放线）

5.【多选题】验线工作如何进行主动预控?（　　　）。

A. 验线工作要从审核施工测量方案开始，在施工的各主要阶段前，均应对施工测量工作提出预防性的要求

B. 验线的依据应原始，正确有效

C. 测量仪器与钢尺必须按计量法规定进行检定和检校

D. 验线的精度应符合规范要求

E. 验线工作必须独立，尽量与放线工作不相关

【答案】1. √；2. ×；3. B；4. ABC；5. ABCDE

# 第十二章　划分施工区段，确定施工顺序

**考点 55：划分施工区段、确定施工顺序 ★**

**教材点睛** | 教材 P236 ～ 240

**1. 施工区段及划分原则**

（1）施工段的数目要合理；

（2）各施工段的劳动量（或工程量）要大致相等（相差在 15% 以内）；

（3）要有足够的工作面；

（4）不影响结构的整体性；

（5）以主要施工过程为依据进行划分。

**2. 施工顺序及确定要求**

（1）建筑装饰工程的施工程序一般有先室外后室内、先室内后室外及室内外同时进行三种情况。

（2）建筑物基层表面的处理

1）对新建工程基层的处理一般要使其表面粗糙，以加强装饰面层与基层之间的粘结力。

2）对改造工程或旧建筑物的二次装饰，应对拆除部位、数量、拆除物处理等做出明确规定。

（3）设备安装与装饰工程

1）总体施工顺序：预埋＋封闭＋装饰。

2）预埋阶段，先通风、后水暖管道、再电气线路；

3）封闭阶段，先墙面、后顶面、再地面；

4）装饰阶段，先油漆、后裱糊、再面板。

（4）室外工程根据材料和施工方法的不同，分别采用自下而上（干挂石材）、自上而下（涂料喷涂）。

（5）室内装饰装修顺序：有自上而下、自下而上、自中而下再自上而中三种。

（6）确定施工顺序的基本原则：符合施工工艺的要求；房间的使用功能和施工方法要协调一致；考虑施工组织的要求；考虑施工质量的要求；考虑施工工期的要求；考虑气候条件；考虑施工的安全因素；设备对施工流向的影响。

**3. 考点应用【P237～240】**

1.【判断题】施工区段是指工程对象在组织流水施工中所划分的施工区域。（      ）

2.【判断题】施工顺序是指工程开工后各单位工程施工的先后顺序。      （      ）

3.【单选题】建筑装饰工程的施工程序的分类正确的是（      ）。

A. 先室外后室内、先室内后室外及室内外同时进行三种情况

B. 先地上后地下、先地下后地上及同时进行三种情况

C. 先室外后室内、先地上后地下及同时进行三种情况

D. 先室外后室内、先地下后地上及同时进行三种情况

4.【单选题】设备机房封闭阶段装饰工程施工的做法正确的是（      ）。

A. 先地面、后顶面、再墙面          B. 先墙面、后顶面、再地面

C. 先顶面、后墙面、再地面          D. 先墙面、后地面、再顶面

5.【单选题】新建工程的外墙装饰装修做法正确的是（      ）。

A. 干挂石材自下而上              B. 干挂石材自上而下

C. 涂料喷涂自下而上              D. 涂料喷涂先自下而上，再自上而下

6.【单选题】安装塑料窗的做法错误的是（      ）。

A. 按施工设计图，弹出门窗安装位置线

B. 连接铁件安装点间距不超过 600mm

C. 窗洞口面层粉刷后，除去安装时临时固定的木楔

D. 框子固定后，应开启窗扇，检查反复开关灵活度

7.【多选题】划分施工段的基本原则包括（      ）。

A. 施工段的数目要合理

B. 各施工段的劳动量（或工程量）可根据工程实际情况调整大小

C. 各施工段的劳动量（或工程量）要大致相等

D. 对结构的整体性允许有细微影响

E. 要有足够的工作面

【答案】1. √；2. ×；3. A；4. B；5. A；6. C；7. ACE

# 第十三章　进行资源平衡计算，编制施工进度计划及资源需求计划，控制调整计划

## 考点56：施工进度计划及配套计划编制、控制调整 ★ ●

**教材点睛** 教材P241～249

### 1. 编制内容

（1）控制性施工进度计划主要适用于结构较复杂、规模较大、工期较长需跨年度施工的工程，同时还适用于虽然工程规模不大、结构不算复杂，但各种资源（劳动力、材料、机具）没有落实，或者由于装饰设计的部位、材料等可能发生变化以及其他各种情况。

（2）指导性施工进度计划适用于任务具体明确、施工条件基本落实、各项资源供应正常、施工工期不太长的工程。

（3）编制控制性施工进度计划的工程，当各分部工程的施工条件基本落实之后，在施工之前还应编制各分部工程的指导性施工进度计划。

### 2. 编制步骤

划分施工项目→确定施工顺序→计算工程量→套用施工定额→计算劳动量与机械台班量→确定各分部分项工程的作业时间→编制施工进度计划初步方案。

### 3. 编制方法

在考虑各施工过程的合理施工顺序的前提下，先安排主导施工过程的施工进度，并尽可能组织流水施工，力求主要工种的施工班组连续施工，其余施工过程尽可能配合主导施工过程，使各施工过程在工艺和工作面允许的条件下，最大限度地合理搭配、配合、穿插、平行施工。

### 4. 计划的检查与调整

（1）施工进度计划初步方案编制完成后，需根据合同规定、经济效益及施工条件等对施工进度计划进行检查、调整和优化，最后编制正式施工进度计划。

（2）施工工期的检查与调整：首先应满足施工合同的要求，其次应具有较好的经济效果，当工期不符合要求时应进行必要的调整。

（3）施工顺序的检查与调整：应从技术上、工艺上、组织上检查各个施工过程的安排是否合理，如有不当之处，应予修改或调整。

（4）资源均衡性的检查与调整：劳动力、机具、材料等的供应与使用，应避免过分集中，尽量做到均衡。

### 5. 考点应用【P244～249】

**巩固练习**

1.【判断题】施工进度计划是在施工方案的基础上，根据规定工期和物资技术供应条件，遵循工程的施工顺序，用数字形式表示各分部分项工程搭接关系及开、竣工时间的一种计划安排。 （　　）

2.【判断题】施工项目是包括一定工作内容的施工过程，是进度计划的基本组成单元。 （　　）

3.【单选题】施工进度计划及资源需求计划的编制步骤正确的是（　　）。

① 施工项目的划分；② 确定施工顺序；③ 计算工程量；④ 施工定额的套用；⑤ 计算劳动量与机械台班量；⑥ 确定各分部分项工程的作业时间；⑦ 施工进度计划初步方案的编制

A. ①②③④⑤⑥⑦　　　　　　　　B. ②①③④⑤⑥⑦
C. ①②③⑤⑤④⑥⑦　　　　　　　　D. ①②③④⑥⑤⑦

4.【单选题】施工顺序的检查与调整，不包括检查（　　）在各个施工过程的安排是否合理。

A. 人员　　　　　　　　　　　　　B. 技术
C. 组织　　　　　　　　　　　　　D. 工艺

5.【单选题】资源均衡性的检查与调整，不包括（　　）等的供应与使用，应避免过分集中，尽量做到均衡。

A. 材料　　　　　　　　　　　　　B. 劳动力
C. 工艺　　　　　　　　　　　　　D. 机具

6.【多选题】计算工程量应注意（　　）问题。

A. 工程量的计量单位应与现行装饰装修工程施工定额的计量单位一致

B. 工程量的计量单位允许与现行装饰装修工程施工定额的计量单位不一致

C. 计算所得工程量与施工实际情况相符合

D. 正确取用预算文件中的工程量

E. 结合施工组织的要求，分区、分段、分层计算工程量，以便组织流水作业层

7.【多选题】施工进度计划及资源需求计划的编制技巧有（　　）。

A. 施工工期的检查与调整　　　　B. 施工顺序的检查与调整
C. 资源均衡性的检查与调整　　　　D. 开工的检查与调整
E. 竣工的检查与调整

【答案】1. ×；2. √；3. A；4. A；5. C；6. ACDE；7. ABC

# 第十四章　进行工程量计算及初步的工程量清单计价

## 考点 57：工程量计算及工程量清单计价 ★ ●

**教材点睛** | 教材 P250～280

**1. 装饰装修工程量计算**

（1）工程量计算的主要依据资料

1）经审定的单位工程全套施工图纸（包括设计说明）及图纸会审纪要或竣工图。

2）建筑装饰工程的计量标准。

3）已审定批准的施工组织设计和施工方案、施工合同。

4）标准图集及有关计算手册。

5）双方确认工程变更相关的签证、变更等。

（2）工程量计算应遵循的原则

1）熟悉基础资料。

2）计算项目内容应与清单或定额中相应子目的工程内容一致。

3）计算清单项目工程量遵循质量规范规则，计算计价项目工程量遵循计价定额规则。

4）工程量计量单位与定额或清单工程量计量单位一致。

5）工程量计算所用原始数据必须和设计图纸相一致。

6）按图纸，结合建筑物的具体情况确定计算顺序。

7）如遇规范或定额内没有的新项目，其工程量要按市场使用的规则进行计量。

8）采用统筹法将相关联多次重复使用的数据先计算出来，简化计算。

（3）装饰装修工程常用的清单项目及工程量计算规则，见表14-1～表14-6。【P252～261】

**2. 装饰装修工程计价**

（1）现阶段装饰装修工程计价采用工程量清单计价法。

（2）清单计价的基本方法：收集编制依据→分析工程量清单中各项目的综合单价→计算分部分项工程费→计算措施项目费→计算其他项目费→计算规费→计算税金→汇总计算单位工程造价→汇总计算单项工程造价→汇总计算建设项目工程造价。

**3. 装饰装修工程合同价款及其调整**

（1）合同价款分固定价格（固定单价或总价）、可调价格与成本加酬金三种方式。

（2）实行工程量清单计价的工程应采用可调价格的单价合同。

（3）合同价款的调整

1）调整因素有：行政法规和国家有关政策变化；造价管理部门公布的人工、材料价格调整；工程变更；项目特征描述不符；工程量清单缺项；工程量偏差；计日工；不可抗力；提前竣工；误期赔偿；索赔；现场签证；暂列金额；双方合同中约定的其他调整因素。

2）工程合同价款调整参照原则：合同中已有适用单价的，变更工程按已有单价调整合同价款；合同中已有类似单价的，变更工程按类似单价调整合同价款；合同中没有适用或类似的单价的，由承包商提出变更价格，变更价格经审计部门审定后，再按投标时的下浮率进行下浮后作为变更结算价。

**4. 装饰装修工程结算**

（1）工程结算的方式根据工程性质、规模、资金来源和施工工期，以及承包内容不同，采用定期结算、分段结算、年终结算、竣工后一次结算、目标结算（竣工或完成度）等不同结算方式。

（2）工程结算资料应包括按竣工图（签字盖章认定）为依据和现场签证、工程洽谈记录以及其他有关费用为依据的资料两部分。

（3）工程价款结算结构，详见图 14-1。【P269】

（4）工程价款的支付按工程进度有工程预付款、工程进度款、竣工结算三种方式。

**5. 考点应用【P270～280】**

---

巩固练习

1.【判断题】工程量是以规定的计量单位表示的工程数量。 （ ）

2.【判断题】施工图中引用的有关标准图集，仅用来表明建筑装饰构件具体构造做法、细部尺寸、材料的消耗量，并不是工程量计算必不可少的。 （ ）

3.【判断题】内装修一般先按装饰分部以门窗、楼地面、墙面、顶棚、油漆等顺序进行计算。 （ ）

4.【判断题】三线是指外墙内边线、外墙中心线、内墙净长线。 （ ）

5.【单选题】工程合同价款调整参照原则不正确的是（ ）。

A. 合同中已有适用单价的，变更工程按已有单价调整合同价款

B. 合同中已有类似单价的，变更工程按类似单价调整合同价款

C. 合同中没有适用或类似的单价的，由承包商提出变更价格，变更价格经审计部门审定后，再按投标时的下浮率下浮后作为变更结算价

D. 合同中已有类似单价的，变更工程按市场价格由承包商上报确认后调整合同价款。

6.【单选题】变更价款调整方法说法正确的是（ ）。

A. 重大工程变更涉及工程价款变更，其报告和确认的时限由发包方确定

B. 变更确定后 14d 内，变更涉及工程价款调整的，由承包人向发包人提出，经发包人（监理）审核同意后调整合同价款

C. 变更确定后 14d 内，承包人未提出变更工程价款报告，则监理可根据所掌握的资

料决定是否调整合同价款和调整的具体金额

D. 收到变更工程价款报告一方，可在收到之日起 14d 后予以确认或者提出协商意见

7.【单选题】质量保修金比例一般为建设工程款的（　　）。

A. 1%～5%  　　　　　　　　　　　　B. 3%～6%

C. 3%～5%  　　　　　　　　　　　　D. 5%～10%

8.【多选题】装饰装修工程合同价款的约定内容有（　　）。

A. 预付工程款的数额、支付时间及抵扣方式

B. 安全文明施工措施的支付计划，使用要求等

C. 施工索赔与现场签证的程序、金额确认与支付时间

D. 工程质量保证（保修）金的数额、预扣方式及时间

E. 违约责任以及发生工程价款争议的解决方法及时间

9.【多选题】综合单价调整方法正确的有（　　）。

A. 工程量增减超过 15% 的部分，执行原有的综合单价

B. 工程量增减在 15% 以内，执行原有的综合单价

C. 材料、设备价格涨跌幅度在 5% 以内，其价差由承包人承担或受益

D. 材料、设备价格涨跌幅度超过 5%，超过部分价差由承包人承担或受益

E. 某项子目材料规格不变，品牌改变，综合单价需重新组价

【答案】1. √；2. ×；3. √；4. ×；5. D；6. B；7. C；8. ABCDE；9. BC

# 第十五章　确定施工质量控制点，参与编制质量控制文件，实施质量交底

**考点 58：确定施工质量控制点，落实质量责任，实施质量交底★**

教材点睛　教材 P281～283

**1. 确定施工质量控制点**

（1）质量控制点的设置原则

1）对工程质量形成过程产生直接影响的关键部位、工序、环节及隐蔽工程。

2）施工过程中的薄弱环节，或者质量不稳定的工序、部位或对象。

3）对下道工序有较大影响的上道工序。

4）采用新技术、新工艺、新材料的部位或环节。

5）施工质量无把握的、施工条件困难的或技术难度大的工序或环节。

6）用户反馈指出的和过去有过返工的不良工序。

（2）质量控制点的重点控制对象：选择质量控制点的重点部位、重点工序和重点的质量因素作为质量控制点的控制对象，进行重点预控和监控，从而有效地控制和保证施工质量。

（3）质量控制点的管理

1）要做好施工质量控制点的事前质量预控工作。

2）要向施工作业班组进行认真交底，使每一个控制点上的作业人员明白施工作业规程及质量检验评定标准，掌握施工操作要领。

3）在施工过程中，相关技术管理和质量控制人员要在现场进行重点指导和检查验收。

4）要做好施工质量控制点的动态设置和动态跟踪管理。

**2. 参与编制质量控制文件，实施质量交底**

（1）工程质量控制文件是依据住房和城乡建设部《建设工程质量管理条例》的规定和国家有关技术规范、标准和规定编制，要求各项目按技术文件执行。

（2）工程质量实行终身责任制，各项目部必须配齐具有相关资格的管理人员，落实岗位责任制；施工中不准随意撤换和减少重要岗位人员，如有人员变更必须报公司有关领导批准，并及时报公司有关部门备案。

（3）各项目部要对照国家有关法规、强制性标准、规范及有关规定，重点培训现场管理人员、施工班组长和操作工人；每个分部工程施工前要进行技术质量交底。

**3. 考点应用【P282～283】**

1.【判断题】施工质量控制点的设置是施工质量计划的重要组成内容，施工质量控制点是施工质量控制的重点对象。　　　　　　　　　　　　　　　　　（　　）

2.【判断题】质量控制点应选择那些技术要求不高、施工难度不大、对工程质量影响不大或是发生质量问题时危害不大的对象进行设置。　　　　　　　　（　　）

3.【单选题】参与编制质量控制文件，实施质量交底，下面说法正确的是（　　）。

A. 工程质量实行终身责任制

B. 只有重要的分部工程施工前才进行技术质量交底

C. 施工中可按工程实际需要撤换和减少重要岗位人员

D. 各项目部要依据国家有关法规、强制性标准、规范及有关规定，只对操作工人进行重点培训

4.【单选题】质量控制点的重点控制对象不包括（　　）。

A. 重点工序　　　　　　　　　　　B. 重点部位

C. 重点部门　　　　　　　　　　　D. 重点的质量因素

5.【单选题】轻钢龙骨石膏板顶棚工程质量控制点不包括（　　）。

A. 龙骨起拱　　　　　　　　　　　B. 空鼓、开裂

C. 板缝处理　　　　　　　　　　　D. 施工顺序

6.【多选题】一般选择下列（　　）部位或环节作为质量控制点。

A. 对下道工序影响不大的上道工序

B. 施工过程中的薄弱环节，或者质量稳定的工序、部位或对象

C. 采用新技术、新工艺、新材料的部位或环节

D. 对工程质量形成过程产生直接影响的关键部位、工序、环节及隐蔽工程

E. 施工质量无把握的、施工条件困难的或技术难度大的工序或环节

【答案】1. √；2. ×；3. A；4. C；5. B；6. CDE

# 第十六章　确定施工安全防范重点，参与编制职业健康安全与环境技术文件，实施安全和环境交底

**考点 59：确定施工安全防范重点，参与编制职业健康安全与环境技术文件，实施安全和环境交底 ★ ●**

<u>教材点睛</u>　教材 P284～286

**1. 确定施工现场各方位安全防范重点**

（1）临边洞口的安全防护；

（2）临时用电管理；

（3）防火安全管理；

（4）满堂脚手架作业管理；

（5）高空作业的管理；

（6）电焊作业的管理；

（7）外墙脚手架作业管理；

（8）吊篮作业管理；

（9）吊装起重作业的管理。

**2. 编制职业健康安全与环境技术文件**

（1）编制安全技术措施：要求具有超前性、针对性、可靠性和可操作性。

（2）编制专项施工方案：对于达到一定规模的危险性较大的分部分项工程应编制专项施工方案，并附安全验算结果。

（3）分部分项工程安全技术交底：建设工程施工前，施工员应当编制分部分项工程安全技术交底，向施工作业班组、作业人员做出详细说明，并双方签字确认，以保证施工质量和安全生产。

**3. 实施安全和环境交底**

（1）安全技术交底的基本要求：技术交底内容必须具体、明确、针对性强；实行逐级安全技术交底制度，纵向延伸到班组全体作业人员；定期向由两个以上作业队和多工种进行交叉施工的作业队伍进行书面交底；保存书面安全技术交底签字记录。

（2）安全技术交底的主要内容：施工作业特点和危险点；针对危险点的具体预防措施；应注意的安全事项；相应的安全操作规程和标准；发生事故后应及时采取的避难和急救措施。

**4. 考点应用【P285～286】**

巩固练习

1.【判断题】施工安全技术措施应具有超前性、针对性、可靠性和可操作性。

（　　）

2.【判断题】对于达到一定规模的危险性较大的分部分项工程应编制专项施工方案，

但可以不用附安全验算结果。                                    (    )

3.【单选题】对安全技术交底的基本要求说法正确的是（      ）。

A. 技术交底要有广泛性

B. 安全技术交底交到项目经理就可以

C. 应将工程概况、施工方法、施工程序、安全技术措施等向工长、班组长进行详细交底

D. 安全技术交底可以口头进行

4.【单选题】施工现场安全防范重点不包括（      ）。

A. 临时用电管理                      B. 临边洞口的安全防护

C. 防火安全管理                      D. 成本管理

5.【单选题】施工员向施工作业班组、作业人员进行安全技术交底的内容不包括（      ）。

A. 工程项目的概况                    B. 危险部位和施工技术要求

C. 质量标准                          D. 作业安全注意事项

6.【单选题】事故发生后，事故现场有关人员应当立即向施工单位负责人报告；施工单位负责人接到报告后，应当于（      ）内向事故发生地县级以上人民政府建设主管部门和有关部门报告。

A. 2h                                B. 1h

C. 3h                                D. 4h

7.【单选题】施工作业人员进场后，应按不同层次进行三级教育工作，不同层次不包括（      ）。

A. 项目部                            B. 施工队

C. 公司                              D. 班组

8.【多选题】一般工程安全技术措施的编制主要考虑（      ）。

A. 进入施工现场的安全规定            B. 施工用水安全

C. 机械设备的安全使用                D. 预防因自然灾害造成事故的措施

E. 防火防爆措施

【答案】1. √；2. ×；3. C；4. D；5. C；6. B；7. C；8. ACDE

# 第十七章　识别、分析施工质量缺陷和危险源

**考点 60：识别、分析施工质量缺陷和危险源 ★ ●**

> **教材点睛**　教材 P287～290

**1. 工程质量事故分类**

（1）工程质量事故一般分为工程质量不合格、工程质量缺陷、工程质量通病和工程质量事故四种。

（2）建筑工程质量事故按事故损失的严重程度分类

1）特别重大事故：死亡≥30人，或重伤≥100人，或直接经济损失≥1亿元的事故；

2）重大事故：10人≤死亡＜30人，或50人≤重伤＜100人，或5000万元≤直接经济损失＜1亿元的事故；

3）较大事故：3人≤死亡＜10人，或10人≤重伤＜50人，或1000万元≤直接经济损失＜5000万元的事故；

4）一般事故：死亡＜3人，或重伤＜10人，或100万元≤直接经济损失＜1000万元的事故。

**2. 识别、分析及处理施工质量缺陷和危险源**

（1）危险源分为：第一类危险源和第二类危险源

（2）危险源识别因素包括：人的因素，物的因素，环境因素和管理因素。

（3）危险源识别方法

1）专家调查法：专家调查法是通过向有经验的专家咨询、调查，识别、分析和评价危险源的一类方法；优点是简便、易行，缺点是受专家的知识、经验和占有资料的限制，可能出现遗漏。

2）安全检查表（SC1）法：优点是简单易懂、容易掌握，可以事先组织专家编制检查内容，使安全、检查做到系统化、完整化，缺点是只能作出定性评价。

**3. 考点应用【P289～290】**

巩固练习

1.【判断题】工程质量事故一般分为工程质量不合格、工程质量缺陷、工程质量通病和工程质量事故四种。　　　　　　　　　　　　　　　　　　　　　（　　）

2.【判断题】直接经济损失在5万元（含5万元）以上，不满10万元的为一般质量事故。　　　　　　　　　　　　　　　　　　　　　　　　　　　　　（　　）

3.【单选题】具备下列（　　）条件之一者为重大质量事故。

A. 直接经济损失在 5 万元（含 5 万元）以上，不满 10 万元的

B. 由于质量事故，造成人员死亡或重伤 3 人以上

C. 影响使用功能和工程结构安全，造成永久质量缺陷的

D. 严重影响使用功能或工程结构安全，存在重大质量隐患的

4.【单选题】关于危险源的分类，说法正确的是（　　）。

A. 第一类危险源是事故发生的前提

B. 第三类危险源是第一类危险源导致事故的必要条件

C. 第一类危险源是事故的主体，决定事故发生可能性的大小

D. 第一类危险源主要体现在设备故障或缺陷、人为失误和管理缺陷等方面

5.【单选题】按施工质量事故产生的原因分类，不包括（　　）。

A. 技术原因　　　　　　　　　　　B. 管理原因

C. 环境原因　　　　　　　　　　　D. 社会、经济原因

6.【单选题】安全检查表的内容一般不包括（　　）。

A. 责任人姓名　　　　　　　　　　B. 分类项目

C. 检查内容及要求　　　　　　　　D. 检查以后处理意见

7.【单选题】第一类危险源危险性的大小主要取决的因素不包括（　　）。

A. 能量或危险物质的量　　　　　　B. 能量或危险物质意外释放的强度

C. 能量的来源　　　　　　　　　　D. 意外释放的能量或危险物质的影响范围

8.【多选题】危险源识别有（　　）。

A. 人的因素　　　　　　　　　　　B. 物的因素

C. 社会因素　　　　　　　　　　　D. 环境因素

E. 管理因素

9.【多选题】建筑工程质量事故按事故性质分类有（　　）。

A. 操作责任事故　　　　　　　　　B. 指导责任事故

C. 未遂事故　　　　　　　　　　　D. 错位偏差事故

E. 基础工程事故

【答案】1.√；2.×；3. B；4. A；5. C；6. A；7. C；8. ABDE；9. DE

# 第十八章　调查分析施工质量、职业健康安全与环境问题

**考点 61：调查分析施工质量、职业健康安全与环境问题** ●

| 教材点睛 | 教材 P291～295 |

**1. 工程质量事故处理的依据**

（1）事故调查分析报告：内容包括质量事故的情况；事故性质；事故原因；事故评估；设计、施工以及使用单位对事故的意见和要求；事故涉及人员与主要责任者的情况等。

（2）工程承包合同、设计委托合同、材料或设备购销合同以及监理合同或分包合同等合同文件。

（3）有关的技术文件和档案。

（4）相关的法律法规。

（5）类似工程质量事故处理的资料和经验。

**2. 工程质量事故处理的程序**

事故调查→事故原因分析→事故调查报告→结构可靠性鉴定→确定处理方案→事故处理设计→处理施工→检查验收→结论。

**3. 工程质量事故处理的原则与要求**

（1）事故处理必须具备的条件：事故情况清楚；事故性质明确；事故原因分析准确、全面；事故评价基本一致；处理目的和要求明确；事故处理所需资料齐全。

（2）事故处理的注意事项：综合治理；消除事故根源；注意事故处理期的安全；不需要处理的事故。

**4. 职业健康安全**

（1）职业健康安全事故分为职业伤害事故和职业病两类。

（2）职业健康安全事故的处理原则：实施"四不放过"的原则。

（3）职业健康安全事故的处理程序：抢救伤员、保护现场→组织调查组→现场勘查→事故原因分析→制定预防措施→编写调查报告→事故审理和结案→员工伤亡事故登记记录。

**5. 考点应用【P293-295】**

巩固练习

1.【判断题】事故原点的状况往往反映出事故的直接原因。　　　　　　　（　　）

2.【判断题】不影响结构安全和正常使用的事故是不需要处理的事故。　　（　　）

3.【单选题】进行工程质量事故处理的主要依据不包括（    ）。

A. 类似工程的图纸　　　　　　　B. 事故调查分析报告

C. 相关的法律法规　　　　　　　D. 具有法律效力的合同文件

4.【单选题】事故调查报告的内容不包括（    ）。

A. 工程概况　　　　　　　　　　B. 事故概况

C. 事故原因分析　　　　　　　　D. 确定处理方案

5.【单选题】工程质量事故处理必须具备的条件不包括（    ）。

A. 事故情况清楚　　　　　　　　B. 事故性质明确

C. 事故造成了损失　　　　　　　D. 事故原因分析准确、全面。

6.【单选题】职业健康安全事故分为（    ）。

A. 一般事故和轻微事故　　　　　B. 职业伤害事故与职业病

C. 一般事故和较大事故　　　　　D. 较大事故和重大事故

7.【单选题】事故处理时必须实施的"四不放过"原则内容不包括（    ）。

A. 事故原因不清楚不放过　　　　B. 事故责任者和员工没有受到教育不放过

C. 事故责任者没有处理不放过　　D. 制定技术措施不放过

8.【单选题】职业健康安全事故的处理程序不包括（    ）。

A. 组织调查组　　　　　　　　　B. 制定预防措施

C. 事故报告　　　　　　　　　　D. 事故的审理和结案

9.【多选题】事故调查分析报告一般包括的内容有（    ）。

A. 事故性质

B. 事故原因

C. 事故评估

D. 设计、施工以及使用单位对事故的意见和要求

E. 质量事故的情况

【答案】1. √；2. √；3. A；4. D；5. C；6. B；7. D；8. C；9. ABCDE

# 第十九章　记录施工情况，编制相关工程技术资料

## 考点 62：记录施工情况，编制相关工程技术资料 ★ ●

教材点睛　教材 P296～298

**1. 施工资料**

（1）施工资料包括：施工管理资料、施工技术资料、进度造价资料、施工物资资料、施工记录、施工试验记录及检测报告、施工质量验收记录、竣工验收资料等八类。

（2）工程资料对于工程质量具有否决权，是工程建设及竣工验收的必备条件，是对工程进行检查、维护、管理、使用、改建、扩建的原始依据。

**2. 施工记录**

包括：通用记录，如隐蔽工程验收记录、施工检查记录、交接检查记录等；专用记录，如防水工程试水记录、幕墙注胶记录等。

**3. 考点应用【P296～298】**

巩固练习

1.【判断题】施工记录是对施工全过程的真实记载。　　　　　　　　　　（　　）

2.【判断题】幕墙注胶记录是通用记录。　　　　　　　　　　　　　　　（　　）

3.【判断题】技术交底要求逐级向下贯彻，直至到班组作业层的工作。　　（　　）

4.【单选题】施工单位应在竣工验收（　　　）内，向建设单位移交本单位形成的、符合规定的工程文件。

A. 1 个月　　　　　　　　　　　　　　B. 3 个月

C. 2 个月　　　　　　　　　　　　　　D. 45 天

5.【单选题】施工检查记录填写的做法错误的是（　　　）。

A. 检查依据写明有关规范标准、设计文件

B. 检查部位与检验批对应，填写楼层、轴线及标高

C. 参加检查验收人员注明单位

D. 检查结论写明检查部位达到规范和设计要求程度

6.【多选题】施工资料包括（　　　）。

A. 施工管理资料

B. 施工技术资料

C. 施工记录

D. 施工物资资料

E. 施工环境资料

【答案】1. √；2. ×；3. √；4. B；5. C；6. ABCD

# 第二十章　利用专业软件对工程信息资料进行处理

**考点 63：利用专业软件对工程信息资料进行处理**●

教材点睛　教材 P299 ～ 304

**1. 工程信息资料管理**

（1）工程信息资料管理是对信息资料的收集、整理、处理、储存、传递与应用等一系列工作的总称。

（2）管理信息资料的目的：通过有组织的信息流通，使决策者能及时、准确地获得相应的信息。

（3）项目的信息资料包括：项目管理过程中的各种数据、表格、图纸、文字、音像资料等。

（4）项目基本信息

1）公共信息：包括法规和部门规章制度、市场信息、自然条件信息。

2）单位工程信息：包括工程概况信息、施工记录信息、施工技术资料信息、工程协调信息、工程进度计划及资源计划信息、成本信息、商务信息、质量检查信息、安全文明施工及行政管理信息、交工验收信息。

**2. 工程项目文档管理**

（1）工程项目文档管理的主要工作：文档资料传递流程的确定，文档资料登录和编码系统的建立，文档资料的收集积累、加工整理、检索保管、归档保存和提供利用服务等。

（2）工程项目文档资料内容：包括各类有关文件，项目信件、设计图纸、合同书、会议纪要、各种报告、通知、记录、鉴证、单据、证明、书函等文字、数值、图表、图片以及音像资料。

**3. 考点应用【P299～304】**

巩固练习

1.【判断题】公共信息包括法规和部门规章制度，市场信息，自然条件信息。

（　　　）

2.【判断题】工程资料管理软件具有完善的施工技术资料数据库的管理功能。

（　　　）

3.【单选题】单位工程信息不包括（　　　）。

A. 施工记录信息　　　　　　　　　B. 工程概况信息

C. 施工技术资料信息        D. 工程市场信息

4.【多选题】工程项目文档资料内容包括（      ）。

A. 项目信件                   B. 设计图纸

C. 合同书                     D. 会议纪要

E. 标准规范

【答案】1. √；2. √；3. D；4. ABCD